# 사고력도 탄탄! 창의력도 탄탄!
## 수학 일등의 지름길 「기탄사고력수학」

### ♛ 단계별·능력별 프로그램식 학습지입니다

유아부터 초등학교 6학년까지 각 단계별로 4~6권씩 총 52권으로 구성되었으며, 처음 시작할 때 나이와 학년에 관계없이 능력별 수준에 맞추어 학습하는 프로그램식 학습지입니다.

### ♛ 사고력·창의력을 키워 주는 수학 학습지입니다

다양한 사고 단계를 거쳐 문제 해결력을 높여 주며, 개념과 원리를 이해하도록 하여 수학적 사고력을 키워 줍니다. 또 수학적 사고를 바탕으로 스스로 생각하고 깨닫는 창의력을 키워 줍니다.

### ♛ 유아 과정은 물론 초등학교 수학의 전 영역을 골고루 학습합니다

운필력, 공간 지각력, 수 개념 등 유아 과정부터 시작하여, 초등학교 과정인 수와 연산, 도형 등 수학의 전 영역을 골고루 다루어, 자녀들의 수학적 사고의 폭을 넓히는 데 큰 도움을 줍니다.

### ♛ 학습 지도 가이드와 다양한 학습 성취도 평가 자료를 수록했습니다

매주, 매달, 매 단계마다 학습 목표에 따른 지도 내용과 지도 요점, 완벽한 해설을 제공하여 학부모님께서 쉽게 지도하실 수 있습니다. 창의력 문제와 수학 경시 대회 예상 문제를 단계별로 수록, 수학 실력을 완성시켜 줍니다.

### ♛ 과학적 학습 분량으로 공부하는 습관이 몸에 배입니다

하루 10~20분 정도의 과학적 학습량으로 공부에 싫증을 느끼지 않게 하고, 학습에 자신감을 가지도록 하였습니다. 매일 일정 시간 꾸준하게 공부하도록 하면, 시키지 않아도 공부하는 습관이 몸에 배게 됩니다.

# 「기탄사고력수학」은
## 체계적이고 장기적인 프로그램으로
## 꾸준히 학습하면 반드시 성적으로 보답합니다

### ✿ 스몰 스텝(Small Step)방식으로 꾸준히 학습하면 성적이 올라갑니다

「기탄사고력수학」은 단순히 문제만 나열한 문제집이 아닙니다. 체계적이고 장기적인 학습프로그램을 통해 수학적 사고력과 창의력을 완성시켜 주는 스몰 스텝(Small Step)방식으로 꾸준히 학습하면 반드시 성적이 올라갑니다.

### ✿ 하루 3장, 10~20분씩 규칙적으로 학습하게 하세요

매일 일정 시간에 일정한 학습량을 꾸준히 재미있게 해야만 학습효과를 높일 수 있습니다. 주별로 분철하기 쉽게 제본되어 있으니, 교재를 구입하시면 먼저 분철하여 일주일 학습 분량만 자녀들에게 나누어 주세요. 그래야만 아이들이 학습 성취감과 자신감을 가질 수 있습니다.

### ✿ 자녀들의 수준에 알맞은 교재를 선택하세요

〈기탄사고력수학〉은 유아에서 초등학교 6학년까지, 나이와 학년에 관계없이 학습 난이도별로 자신의 능력에 맞는 단계를 선택하여 시작하는 능력별 교재입니다. 그러나 자녀의 수준보다 1~2단계 낮춘 교재부터 시작하면 학습에 더욱 자신감을 갖게 되어 효과적입니다.

| 교재 구분 | 교재 구성 | 대 상 |
|---|---|---|
| A단계 교재 | 1, 2, 3, 4집 | 4세 ~ 5세 아동 |
| B단계 교재 | 1, 2, 3, 4집 | 5세 ~ 6세 아동 |
| C단계 교재 | 1, 2, 3, 4집 | 6세 ~ 7세 아동 |
| D단계 교재 | 1, 2, 3, 4집 | 7세 ~ 초등학교 1학년 |
| E단계 교재 | 1, 2, 3, 4, 5, 6집 | 초등학교 1학년 |
| F단계 교재 | 1, 2, 3, 4, 5, 6집 | 초등학교 2학년 |
| G단계 교재 | 1, 2, 3, 4, 5, 6집 | 초등학교 3학년 |
| H단계 교재 | 1, 2, 3, 4, 5, 6집 | 초등학교 4학년 |
| I 단계 교재 | 1, 2, 3, 4, 5, 6집 | 초등학교 5학년 |
| J단계 교재 | 1, 2, 3, 4, 5, 6집 | 초등학교 6학년 |

# 「기탄사고력수학」으로
# 수학 성적 올리는 *일등비법*을 공개합니다

## ✳ 문제를 먼저 풀어 주지 마세요

기탄사고력수학은 직관(전체 감지)을 논리(이론과 구체 연결)로 발전시켜 답을 구하도록 구성되었습니다. 쉽게 문제를 풀지 못하더라도 노력하는 과정에서 더 많은 것을 얻을 수 있으니, 약간의 힌트 외에는 자녀가 스스로 끝까지 문제를 풀어 나갈 수 있도록 격려해 주세요.

## ✳ 교재는 이렇게 활용하세요

먼저 자녀들의 능력에 맞는 교재를 선택하세요. 그리고 일주일 분량씩 분철하여 매일 3장씩 풀 수 있도록 해 주세요. 한꺼번에 많은 양의 교재를 주시면 어린이가 부담을 느껴서 학습을 미루거나 포기하기 쉽습니다. 적당한 양을 매일매일 학습하도록 하여 수학 공부하는 재미를 느낄 수 있도록 해 주세요.

## ✳ 교재 학습 과정을 꼭 지켜 주세요

한 주 학습이 끝날 때마다 창의력 문제와 경시 대회 예상 문제를 꼭 풀고 넘어가도록 해 주시고, 한 권(한 달 과정)이 끝나면 성취도 테스트와 종료 테스트를 통해 스스로 실력을 가늠해 볼 수 있도록 도와 주세요. 문제를 다 풀면 반드시 해답지를 이용하여 정확하게 채점해 주시고, 틀린 문제를 체크해 놓았다가 다음에는 확실히 풀 수 있도록 지도해 주세요.

## ✳ 자녀의 학습 관리를 게을리 하지 마세요

수학적 사고는 하루 아침에 생겨나는 것이 아닙니다. 날마다 꾸준히 규칙적으로 학습해 나갈 때에만 비로소 수학적 사고의 기틀이 마련되는 것입니다. 교육은 사랑입니다. 자녀가 학습한 부분을 어머니께서 꼭 확인하시면서 사랑으로 돌봐 주세요. 부모님의 관심 속에서 자란 아이들만이 성적 향상은 물론 이 사회에서 꼭 필요한 인격체로 성장해 나갈 수 있다는 것도 잊지 마세요.

# 기탄 교력 수학 교재별 학습 내용

## A 단계 교재

| A - ❶ 교재 | A - ❷ 교재 |
|---|---|
| 나와 가족에 대하여 알기<br>바른 행동 알기<br>다양한 선 그리기<br>다양한 사물 색칠하기<br>○△□ 알기<br>똑같은 것 찾기<br>빠진 것 찾기<br>종류가 같은 것과 다른 것 찾기<br>관찰력, 논리력, 사고력 키우기 | 필요한 물건 찾기<br>관계 있는 것 찾기<br>다양한 기준에 따라 분류하기<br>(종류, 용도, 모양, 색깔, 재질, 계절, 성질 등)<br>두 가지 기준에 따라 분류하기<br>다섯까지 세기<br>변별력 키우기<br>미로 통과하기 |
| **A - ❸ 교재** | **A - ❹ 교재** |
| 다양한 기준으로 비교하기<br>(길이, 높이, 양, 무게, 크기, 두께, 넓이, 속도, 깊이 등)<br>시간의 순서 비교하기<br>반대 개념 알기<br>3까지의 숫자 배우기<br>그림 퍼즐 맞추기<br>미로 통과하기 | 최상급 개념 알기<br>다양한 기준으로 순서 짓기 (크기, 시간, 길이, 두께 등)<br>네 가지 이상 비교하기<br>이중 서열 알기<br>ABAB, ABCABC의 규칙성 알기<br>다양한 규칙 이해하기<br>부분과 전체 알기<br>5까지의 숫자 배우기<br>일대일 대응, 일대다 대응 알기<br>미로 통과하기 |

## B 단계 교재

| B - ❶ 교재 | B - ❷ 교재 |
|---|---|
| 열까지 세기<br>9까지의 숫자 배우기<br>사물의 기본 모양 알기<br>모양 구성하기<br>모양 나누기와 합치기<br>같은 모양, 짝이 되는 모양 찾기<br>위치 개념 알기 (위, 아래, 앞, 뒤)<br>위치 파악하기 | 9까지의 수량, 수 단어, 숫자 연결하기<br>구체물을 이용한 수 익히기<br>반구체물을 이용한 수 익히기<br>위치 개념 알기 (안, 밖, 왼쪽, 가운데, 오른쪽)<br>다양한 위치 개념 알기<br>시간 개념 알기 (낮, 밤)<br>구체물을 이용한 수와 양의 개념 알기<br>(같다, 많다, 적다) |
| **B - ❸ 교재** | **B - ❹ 교재** |
| 순서대로 숫자 쓰기<br>거꾸로 숫자 쓰기<br>1 큰 수와 2 큰 수 알기<br>1 작은 수와 2 작은 수 알기<br>반구체물을 이용한 수와 양의 개념 알기<br>보존 개념 익히기<br>여러 가지 단위 배우기 | 순서수 알기<br>사물의 입체 모양 알기<br>입체 모양 나누기<br>두 수의 크기 비교하기<br>여러 수의 크기 비교하기<br>0의 개념 알기<br>0부터 9까지의 수 익히기 |

**C 단계 교재**

| C - ❶ 교재 | C - ❷ 교재 |
|---|---|
| 구체물을 통한 수 가르기<br>반구체물을 통한 수 가르기<br>숫자를 도입한 수 가르기<br>구체물을 통한 수 모으기<br>반구체물을 통한 수 모으기<br>숫자를 도입한 수 모으기 | 수 가르기와 모으기<br>여러 가지 방법으로 수 가르기<br>수 모으고 다시 수 가르기<br>수 가르고 다시 수 모으기<br>더해 보기<br>세로로 더해 보기<br>빼 보기<br>세로로 빼 보기<br>더해 보기와 빼 보기<br>바꾸어서 셈하기 |
| C - ❸ 교재 | C - ❹ 교재 |
| 길이 측정하기   높이 측정하기<br>넓이 측정하기   크기 측정하기<br>둘레 측정하기   무게 측정하기<br>부피 측정하기   들이 측정하기<br>활동 시간 알아보기   시간의 순서 알아보기<br>여러 가지 측정하기 | 열 개<br>열 개 만들어 보기<br>열 개 묶어 보기<br>자리 알아보기<br>수 '10' 알아보기<br>10의 크기 알아보기<br>더하여 10이 되는 수 알아보기<br>열다섯까지 세어 보기<br>스물까지 세어 보기 |

**D 단계 교재**

| D - ❶ 교재 | D - ❷ 교재 |
|---|---|
| 수 11~20 알기<br>11~20까지의 수 알기<br>30까지의 수 알아보기<br>자릿값을 이용하여 30까지의 수 나타내기<br>40까지의 수 알아보기<br>자릿값을 이용하여 40까지의 수 나타내기<br>자릿값을 이용하여 50까지의 수 나타내기<br>50까지의 수 알아보기 | 상자 모양, 공 모양, 둥근기둥 모양 알아보기<br>공간 위치 알아보기<br>입체도형으로 모양 만들기<br>여러 방향에서 본 모습 관찰하기<br>평면도형 알아보기<br>선대칭 모양 알아보기<br>모양 만들기와 탱그램 |
| D - ❸ 교재 | D - ❹ 교재 |
| 덧셈 이해하기<br>10이 되는 더하기<br>여러 가지로 더해 보기<br>덧셈 익히기<br>뺄셈 이해하기<br>10에서 빼기<br>여러 가지로 빼 보기<br>뺄셈 익히기 | 조사하여 기록하기<br>그래프의 이해<br>그래프의 활용<br>분수의 이해<br>시간 느끼기<br>사건의 순서 알기<br>소요 시간 알아보기<br>달력 보기<br>시계 보기<br>활동한 시간 알기 |

| E - ❶ 교재 | E - ❷ 교재 | E - ❸ 교재 |
|---|---|---|
| 사물의 개수를 세어 보고 1, 2, 3, 4, 5 알아보기<br>0의 개념과 0~5까지의 수의 순서 알기<br>하나 더 많다, 적다의 개념 알기<br>두 수의 크기 비교하기<br>사물의 개수를 세어 보고 6, 7, 8, 9 알아보기<br>0~9까지의 수의 순서 알기<br>하나 더 많다, 적다의 개념 알기<br>두 수의 크기 비교하기<br>여러 가지 모양 알아보기, 찾아보기, 만들어 보기<br>규칙 찾기 | 두 수로 가르기<br>두 수를 모으기<br>가르기와 모으기<br>덧셈식 알아보기<br>뺄셈식 알아보기<br>길이 비교해 보기<br>높이 비교해 보기<br>들이 비교해 보기<br>무게 비교해 보기<br>넓이 비교해 보기 | 수 10(십) 알아보기<br>19까지의 수 알아보기<br>몇십과 몇십 몇 알아보기<br>물건의 수 세기<br>50까지 수의 순서 알아보기<br>두 수의 크기 비교하기<br>분류하기<br>분류하여 세어 보기 |

| E - ❹ 교재 | E - ❺ 교재 | E - ❻ 교재 |
|---|---|---|
| 수 60, 70, 80, 90<br>99까지의 수<br>수의 순서<br>두 수의 크기 비교<br>여러 가지 모양 알아보기, 찾아보기<br>여러 가지 모양 만들기, 그리기<br>규칙 찾기<br>10을 두 수로 가르기<br>100이 되도록 두 수를 모으기 | 100이 되는 더하기<br>10에서 빼기<br>세 수의 덧셈과 뺄셈<br>(몇십)+(몇), (몇십 몇)+(몇),<br>(몇십 몇)+(몇십 몇)<br>(몇십 몇)−(몇), (몇십 몇)−(몇십 몇)<br>긴바늘, 짧은바늘 알아보기<br>몇 시 알아보기<br>몇 시 30분 알아보기 | 세 수의 덧셈<br>받아올림이 있는 (몇)+(몇)<br>받아내림이 있는 (십 몇)−(몇)<br>세 수의 계산<br>덧셈식, 뺄셈식 만들기<br>□가 있는 덧셈식, 뺄셈식 만들기<br>여러 가지 방법으로 해결하기 |

| F - ❶ 교재 | F - ❷ 교재 | F - ❸ 교재 |
|---|---|---|
| 백(100)과 몇백(200, 300, ……)의 개념 이해<br>세 자리 수와 뛰어 세기의 이해<br>세 자리 수의 크기 비교<br>받아올림이 있는 (두 자리 수)+(한 자리 수)의 계산<br>받아내림이 있는 (두 자리 수)−(한 자리 수)의 계산<br>세 수의 덧셈과 뺄셈<br>선분과 직선의 차이 이해<br>사각형, 삼각형, 원 등의 여러 가지 모양<br>쌓기나무로 똑같이 쌓아 보고 여러 가지 모양 만들기<br>배열 순서에 따라 규칙 찾아내기 | 받아올림이 있는 (두 자리 수)+(두 자리 수)의 계산<br>받아내림이 있는 (두 자리 수)−(두 자리 수)의 계산<br>여러 가지 방법으로 계산하고 세 수의 혼합 계산<br>길이 비교와 단위길이의 비교<br>길이의 단위(cm) 알기<br>길이 재기와 길이 어림하기<br>어떤 수를 □로 나타내기<br>덧셈식·뺄셈식에서 □의 값 구하기<br>어떤 수를 구하는 식 만들기<br>식에 알맞은 문제 만들기 | 시각 읽기<br>시각과 시간의 차이 알기<br>하루의 시간 알기<br>달력을 보며 1년 알기<br>몇 시 몇 분 전 알기<br>반 시간 알기<br>묶어 세기<br>몇 배 알아보기<br>더하기를 곱하기로 나타내기<br>덧셈식과 곱셈식으로 나타내기 |

| F - ❹ 교재 | F - ❺ 교재 | F - ❻ 교재 |
|---|---|---|
| 2~9의 단 곱셈구구 익히기<br>1의 단 곱셈구구와 0의 곱<br>곱셈표에서 규칙 찾기<br>받아올림이 없는 세 자리 수의 덧셈<br>받아내림이 없는 세 자리 수의 뺄셈<br>여러 가지 방법으로 계산하기<br>미터(m)와 센티미터(cm)<br>길이 재기<br>길이 어림하기<br>길이의 합과 차 | 받아올림이 있는 세 자리 수의 덧셈<br>받아내림이 있는 세 자리 수의 뺄셈<br>여러 가지 방법으로 덧셈·뺄셈하기<br>세 수의 혼합 계산<br>똑같이 나누기<br>전체와 부분의 크기<br>분수의 쓰기와 읽기<br>분수만큼 색칠하고 분수로 나타내기<br>표와 그래프로 나타내기<br>조사하여 표와 그래프로 나타내기 | □가 있는 곱셈식을 만들어 문제 해결하기<br>규칙을 찾아 문제 해결하기<br>거꾸로 생각하여 문제 해결하기 |

**G 단계 교재**

| G - ❶ 교재 | G - ❷ 교재 | G - ❸ 교재 |
|---|---|---|
| 1000의 개념 알기 | 똑같이 묶어 덜어 내기와 똑같게 나누기 | 분수만큼 알기와 분수로 나타내기 |
| 몇천, 네 자리 수 알기 | 나눗셈의 몫 | 몇 개인지 알기 |
| 수의 자릿값 알기 | 곱셈과 나눗셈의 관계 | 분수의 크기 비교 |
| 뛰어 세기, 두 수의 크기 비교 | 나눗셈의 몫을 구하는 방법 | mm 단위를 알기와 mm 단위까지 길이 재기 |
| 세 자리 수의 덧셈 | 나눗셈의 세로 형식 | km 단위를 알기 |
| 덧셈의 여러 가지 방법 | 곱셈을 활용하여 나눗셈의 몫 구하기 | km, m, cm, mm의 단위가 있는 길이의 |
| 세 자리 수의 뺄셈 | 평면도형 밀기, 뒤집기, 돌리기 | 합과 차 구하기 |
| 뺄셈의 여러 가지 방법 | 평면도형 뒤집고 돌리기 | 시각과 시간의 개념 알기 |
| 각과 직각의 이해 | (몇십)×(몇)의 계산 | 1초의 개념 알기 |
| 직각삼각형, 직사각형, 정사각형의 이해 | (두 자리 수)×(한 자리 수)의 계산 | 시간의 합과 차 구하기 |

| G - ❹ 교재 | G - ❺ 교재 | G - ❻ 교재 |
|---|---|---|
| (네 자리 수)+(세 자리 수) | (몇십)÷(몇) | 막대그래프 |
| (네 자리 수)+(네 자리 수) | 내림이 없는 (몇십 몇)÷(몇) | 막대그래프 그리기 |
| (네 자리 수)−(세 자리 수) | 나눗셈의 몫과 나머지 | 그림그래프 |
| (네 자리 수)−(네 자리 수) | 나눗셈식의 검산 / (몇십 몇)÷(몇) | 그림그래프 그리기 |
| 세 수의 덧셈과 뺄셈 | 들이 / 들이의 단위 | 알맞은 그래프로 나타내기 |
| (세 자리 수)×(한 자리 수) | 들이의 어림하기와 합과 차 | 규칙을 정해 무늬 꾸미기 |
| (몇십)×(몇십) / (두 자리 수)×(몇십) | 무게 / 무게의 단위 | 규칙을 찾아 문제 해결 |
| (두 자리 수)×(두 자리 수) | 무게의 어림하기와 합과 차 | 표를 만들어서 문제 해결 |
| 원의 중심과 반지름 / 그리기 / 지름 / 성질 | 0.1 / 소수 알아보기 | 예상과 확인으로 문제 해결 |
| | 소수의 크기 비교하기 | |

**H 단계 교재**

| H - ❶ 교재 | H - ❷ 교재 | H - ❸ 교재 |
|---|---|---|
| 만 / 다섯 자리 수 / 십만, 백만, 천만 | 이등변삼각형 / 이등변삼각형의 성질 | 소수 |
| 억 / 조 / 큰 수 뛰어서 세기 | 정삼각형 / 예각과 둔각 | 소수 두 자리 수 |
| 두 수의 크기 비교 | 예각삼각형 / 둔각삼각형 | 소수 세 자리 수 |
| 100, 1000, 10000, 몇백, 몇천의 곱 | 덧셈, 뺄셈 또는 곱셈, 나눗셈이 섞여 있는 혼합 | 소수 사이의 관계 |
| (세,네 자리 수)×(두 자리 수) | 계산 | 소수의 크기 비교 |
| 세 수의 곱셈 / 몇십으로 나누기 | 덧셈, 뺄셈, 곱셈, 나눗셈이 섞여 있는 혼합 계산 | 규칙을 찾아 수로 나타내기 |
| (두,세 자리 수)÷(두 자리 수) | ( ), { }가 있는 혼합 계산 | 규칙을 찾아 글로 나타내기 |
| 각의 크기 / 각 그리기 / 각도의 합과 차 | 분수와 진분수 / 가분수와 대분수 | 새로운 무늬 만들기 |
| 삼각형의 세 각의 크기의 합 | 대분수를 가분수로, 가분수를 대분수로 나타내기 | |
| 사각형의 네 각의 크기의 합 | 분모가 같은 분수의 크기 비교 | |

| H - ❹ 교재 | H - ❺ 교재 | H - ❻ 교재 |
|---|---|---|
| 분모가 같은 진분수의 덧셈 | 사다리꼴 / 평행사변형 / 마름모 | 꺾은선그래프 |
| 분모가 같은 대분수의 덧셈 | 직사각형과 정사각형의 성질 | 꺾은선그래프 그리기 |
| 분모가 같은 진분수의 뺄셈 | 다각형과 정다각형 / 대각선 | 물결선을 사용한 꺾은선그래프 |
| 분모가 같은 대분수의 뺄셈 | 여러 가지 모양 만들기 | 물결선을 사용한 꺾은선그래프 그리기 |
| 분모가 같은 대분수와 진분수의 덧셈과 뺄셈 | 여러 가지 모양으로 덮기 | 알맞은 그래프로 나타내기 |
| 소수의 덧셈 / 소수의 뺄셈 | 직사각형과 정사각형의 둘레 | 꺾은선그래프의 활용 |
| 수직과 수선 / 수선 긋기 | 1cm² / 직사각형과 정사각형의 넓이 | 두 수 사이의 관계 |
| 평행선 / 평행선 긋기 | 여러 가지 도형의 넓이 | 두 수 사이의 관계를 식으로 나타내기 |
| 평행선 사이의 거리 | 이상과 이하 / 초과와 미만 / 수의 범위 | 문제를 해결하고 풀이 과정을 설명하기 |
| | 올림과 버림 / 반올림 / 어림의 활용 | |

# 기탄 사고력수학 교재별 학습 내용

**I 단계 교재**

| I - ❶ 교재 | I - ❷ 교재 | I - ❸ 교재 |
| --- | --- | --- |
| 약수 / 배수 / 배수와 약수의 관계<br>공약수와 최대공약수<br>공배수와 최소공배수<br>크기가 같은 분수 알기<br>크기가 같은 분수 만들기<br>분수의 약분 / 분수의 통분<br>분수의 크기 비교 / 진분수의 덧셈<br>대분수의 덧셈 / 진분수의 뺄셈<br>대분수의 뺄셈 / 세 분수의 덧셈과 뺄셈 | 세 분수의 덧셈과 뺄셈<br>(진분수)×(자연수) / (대분수)×(자연수)<br>(자연수)×(진분수) / (자연수)×(대분수)<br>(단위분수)×(단위분수)<br>(진분수)×(진분수) / (대분수)×(대분수)<br>세 분수의 곱셈 / 합동인 도형의 성질<br>합동인 삼각형 그리기<br>면, 모서리, 꼭짓점<br>직육면체와 정육면체<br>직육면체의 성질 / 겨냥도 / 전개도 | 평행사변형의 넓이<br>삼각형의 넓이<br>사다리꼴의 넓이<br>마름모의 넓이<br>넓이의 단위 $m^2$, a<br>넓이의 단위 ha, $km^2$<br>넓이의 단위 관계<br>무게의 단위 |
| **I - ❹ 교재** | **I - ❺ 교재** | **I - ❻ 교재** |
| 분수와 소수의 관계<br>분류를 소수로, 소수를 분수로 나타내기<br>분수와 소수의 크기 비교<br>1÷(자연수)를 곱셈으로 나타내기<br>(자연수)÷(자연수)를 곱셈으로 나타내기<br>(진분수)÷(자연수) / (가분수)÷(자연수)<br>(대분수)÷(자연수)<br>분수와 자연수의 혼합 계산<br>선대칭도형/선대칭의 위치에 있는 도형<br>점대칭도형/점대칭의 위치에 있는 도형 | (소수)×(자연수) / (자연수)×(소수)<br>곱의 소수점의 위치<br>(소수)×(소수)<br>소수의 곱셈<br>(소수)÷(자연수)<br>(자연수)÷(자연수)<br>줄기와 잎 그림<br>그림그래프<br>평균<br>자료를 그래프로 나타내고 설명하기 | 두 수의 크기 비교<br>비율<br>백분율<br>할푼리<br>실제로 해 보기와 표 만들기<br>그림 그리기와 식 만들기<br>예상하고 확인하기와 표 만들기<br>실제로 해 보기와 규칙 찾기 |

**J 단계 교재**

| J - ❶ 교재 | J - ❷ 교재 | J - ❸ 교재 |
| --- | --- | --- |
| (자연수)÷(단위분수)<br>분모가 같은 진분수끼리의 나눗셈<br>분모가 다른 진분수끼리의 나눗셈<br>(자연수)÷(진분수) / 대분수의 나눗셈<br>분수의 나눗셈 활용하기<br>소수의 나눗셈 / (자연수)÷(소수)<br>소수의 나눗셈에서 나머지<br>반올림한 몫<br>입체도형과 각기둥 / 각뿔<br>각기둥의 전개도 / 각뿔의 전개도 | 쌓기나무의 개수<br>쌓기나무의 각 자리, 각 층별로 나누어<br>개수 구하기<br>규칙 찾기<br>쌓기나무로 만든 것, 여러 가지 입체도형,<br>여러 가지 생활 속 건축물의 위, 앞, 옆<br>에서 본 모양<br>원주와 원주율 / 원의 넓이<br>띠그래프 알기 / 띠그래프 그리기<br>원그래프 알기 / 원그래프 그리기 | 비례식<br>비의 성질<br>가장 작은 자연수의 비로 나타내기<br>비례식의 성질<br>비례식의 활용<br>연비<br>두 비의 관계를 연비로 나타내기<br>연비의 성질<br>비례배분<br>연비로 비례배분 |
| **J - ❹ 교재** | **J - ❺ 교재** | **J - ❻ 교재** |
| (소수)÷(분수) / (분수)÷(소수)<br>분수와 소수의 혼합 계산<br>원기둥 / 원기둥의 전개도<br>원뿔<br>회전체 / 회전체의 단면<br>직육면체와 정육면체의 겉넓이<br>부피의 비교 / 부피의 단위<br>직육면체와 정육면체의 부피<br>부피의 큰 단위<br>부피와 들이 사이의 관계 | 원기둥의 겉넓이<br>원기둥의 부피<br>경우의 수<br>순서가 있는 경우의 수<br>여러 가지 경우의 수<br>확률<br>미지수를 $x$로 나타내기<br>등식 알기 / 방정식 알기<br>등식의 성질을 이용하여 방정식 풀기<br>방정식의 활용 | 두 수 사이의 대응 관계 / 정비례<br>정비례를 활용하여 생활 문제 해결하기<br>반비례<br>반비례를 활용하여 생활 문제 해결하기<br>그림을 그리거나 식을 세워 문제 해결하기<br>거꾸로 생각하거나 식을 세워 문제 해결하기<br>표를 작성하거나 예상과 확인을 통하여<br>문제 해결하기<br>여러 가지 방법으로 문제 해결하기<br>새로운 문제를 만들어 풀어 보기 |

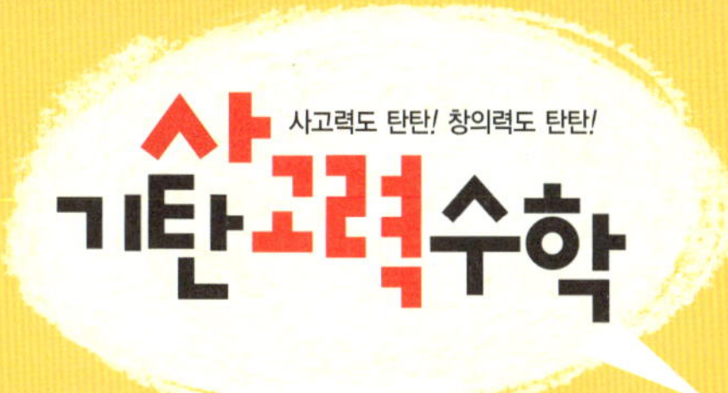

# 학습 관리표

| 학습 내용 | | 이번 주는? |
|---|---|---|
| 비와 비율 | · 두 수의 크기 비교<br>· 비율<br>· 백분율<br>· 할푼리<br>· 창의력 학습<br>· 경시대회 예상문제 | • 학습 방법 : ① 매일매일　② 가끔　③ 한꺼번에<br>　하였습니다.<br>• 학습 태도 : ① 스스로 잘　② 시켜서 억지로<br>　하였습니다.<br>• 학습 흥미 : ① 재미있게　② 싫증내며<br>　하였습니다.<br>• 교재 내용 : ① 적합하다고 ② 어렵다고　③ 쉽다고<br>　하였습니다. |

| 지도 교사가 부모님께 | 부모님이 지도 교사께 |
|---|---|
|  |  |

| 평가 | Ⓐ 아주 잘함 | Ⓑ 잘함 | Ⓒ 보통 | Ⓓ 부족함 |
|---|---|---|---|---|

원(교)　　　　반　이름　　　　　전화

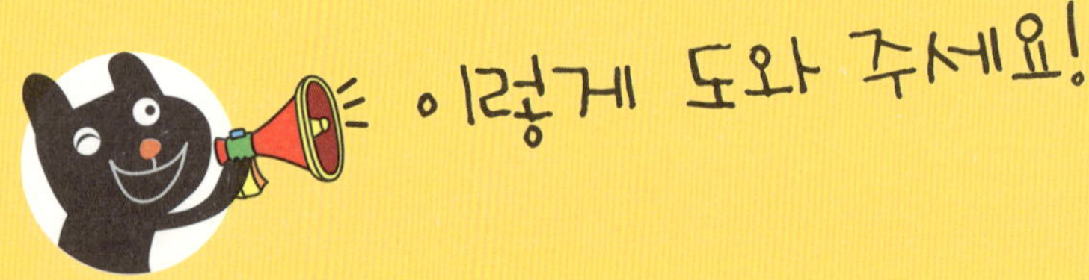


## ● 학습 목표
- 비의 뜻을 알고, 비의 기호를 사용하여 나타내고 읽을 수 있습니다.
- 비교하는 양, 기준량을 알고 비율을 구할 수 있습니다.
- 비율을 분수, 소수, 백분율로 나타내고 이들의 상호 관계를 이해할 수 있습니다.
- 할푼리의 뜻을 알고, 여러 가지 비율을 할푼리로 나타낼 수 있습니다.
- 기준량이 서로 다를 때 비교하는 양을 구하여 문제를 해결할 수 있습니다.
- 실생활에 쓰이는 여러 가지 비율 문제를 해결할 수 있습니다.

## ● 지도 내용
- 두 양의 크기를 비교하는 방법으로 비를 도입하고 그 뜻을 알게 합니다.
- 두 수의 비를 기호로 나타내게 하고, 비교하는 두 수의 기준량과 비교하는 양을 알아보게 합니다.
- 비율, 백분율의 뜻을 알아보게 합니다.
- 두 수의 상대적인 크기를 비교하는 방법과 비율을 백분율로 나타내는 방법을 알아보게 합니다.
- 비율을 백분율, 소수로 나타내는 방법과 소수를 할푼리로 나타내는 방법을 알아보게 합니다.

## ● 지도 요점
이 단원에서는 비의 뜻을 알고, 두 수의 비를 기호를 사용하여 나타내고 비교하는 양, 기준량, 비의 관계에 대하여 이해하도록 합니다. 또, 비율을 나타내는 분수, 소수, 백분율, 할푼리를 이해하고 그들의 관계를 파악하며, 기준량과 비교하는 양의 관계에서 비율을 구하고, 실생활에 쓰이는 여러 가지 비율 문제를 해결할 수 있도록 지도합니다.

I-301a



이름 :

날짜 :

시간 :　시　분 ～　시　분

## ◆ 두 수의 크기 비교(1) ◆

파인애플의 수와 사과의 수를 비교하기 위하여 기호 ' : '를 사용하여 비로 나타냅니다. 파인애플 5개의 크기를 비교하기 위하여 5 : 3이라 쓰고 5 대 3이라고 읽습니다. 5 : 3은 사과의 수를 기준으로 하여 파인애플의 수를 비교한 것입니다. 이것을 3에 대한 5의 비 또는 5의 3에 대한 비라고 합니다. 또는 간단하게 5와 3의 비라고도 합니다.

🐸 그림을 보고 □ 안에 알맞은 수를 써넣으시오. [1~2]

**1**

(1) 강아지 수와 고양이 수의 비는 □ : □ 입니다.

(2) 고양이 수에 대한 강아지 수의 비는 □ : □ 입니다.

**2**

(1) 자동차 수와 비행기 수의 비는 □ : □ 입니다.

(2) 자동차 수에 대한 비행기 수의 비는 □ : □ 입니다.

**3** 야구공의 수와 농구공의 수의 비를 나타내고 읽어 보시오.

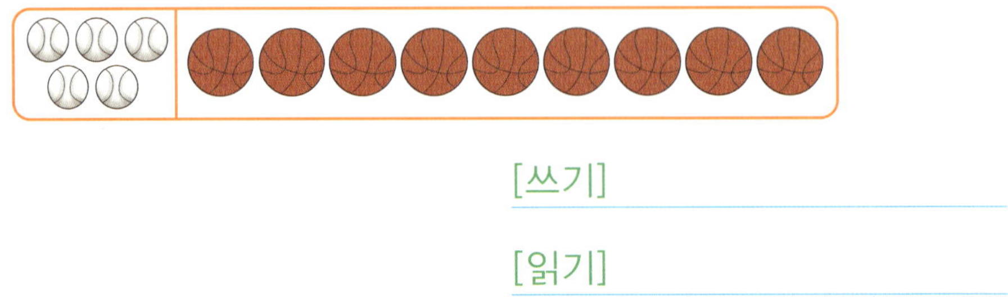

[쓰기]

[읽기]

**4** □ 안에 알맞은 수를 써넣으시오.

3 : 8
- □ 대 8
- 3과 □ 의 비
- □ 에 대한 □ 의 비
- □ 의 □ 에 대한 비

**5** 그림을 보고 전체에 대한 색칠한 부분의 비를 구하시오.

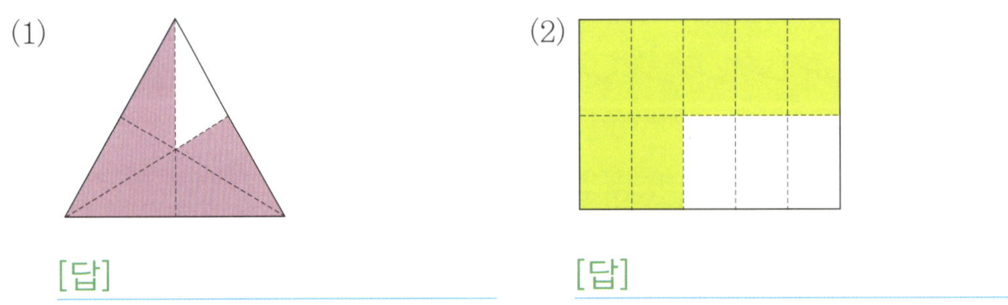

(1)

[답]

(2)

[답]

#### ◆ 두 수의 크기 비교(2) ◆

**1** 관계있는 것끼리 선으로 이으시오.

(1) ┃ 4 : 7 ┃ •  　　• ㉠ ┃ 4와 7의 비 ┃

(2) ┃ 7 : 4 ┃ •  　　• ㉡ ┃ 4에 대한 7의 비 ┃

🐸 주어진 비를 보고 전체에 대한 부분의 비를 그림에 색칠하시오. [2~5]

**2** ┃ 3 : 4 ┃

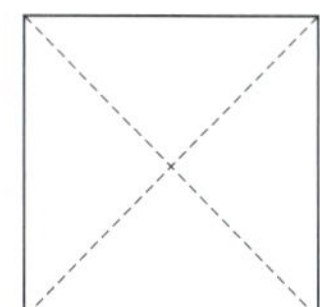

**3** ┃ 7 : 8 ┃

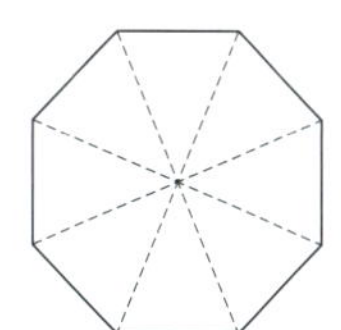

**4** ┃ 5 : 12 ┃

**5** ┃ 11 : 15 ┃

**6** 비에 대한 설명 중 틀린 것을 찾아 기호를 쓰시오.

> ㉠ 7 : 8은 8에 대한 7의 비입니다.
> ㉡ 5와 13의 비는 5 : 13입니다.
> ㉢ 12와 7의 비는 12에 대한 7의 비와 같습니다.

[답] ______________________

**7** 비가 다른 하나를 찾아 기호를 쓰시오.

> ㉠ ■와 ♥의 비          ㉡ ♥에 대한 ■의 비
> ㉢ ♥의 ■에 대한 비      ㉣ ■ 대 ♥

[답] ______________________

**8** □ 안에 알맞은 수가 가장 큰 것을 찾아 기호를 쓰시오.

> ㉠ 9에 대한 14의 비 ➡ ● : □
> ㉡ 8과 15의 비 ➡ ▲ : □
> ㉢ 11의 16에 대한 비 ➡ □ : ★

[답] ______________________

### ◆ 두 수의 크기 비교(3) ◆

**1** 냉장고에 과일이 22개 있습니다. 이 중에서 자두가 13개이고 나머지는 귤입니다. 물음에 답하시오.

(1) 자두의 수에 대한 귤의 수의 비를 구하시오.

[답]

(2) 귤의 수에 대한 자두의 수의 비를 구하시오.

[답]

(3) 전체 과일 수에 대한 자두의 수의 비를 구하시오.

[답]

**2** 주머니에 구슬이 들어 있습니다. 전체 구슬 수에 대한 빨간색 구슬 수의 비를 구하시오.

[답]

**3** 사탕이 19개 있습니다. 이 중에서 13개를 먹었습니다. 먹고 남은 사탕 수와 처음에 있던 전체 사탕 수의 비를 구하시오.

[답]

사고력 학습

**4** 다음 직사각형의 가로와 둘레의 비를 구하시오.

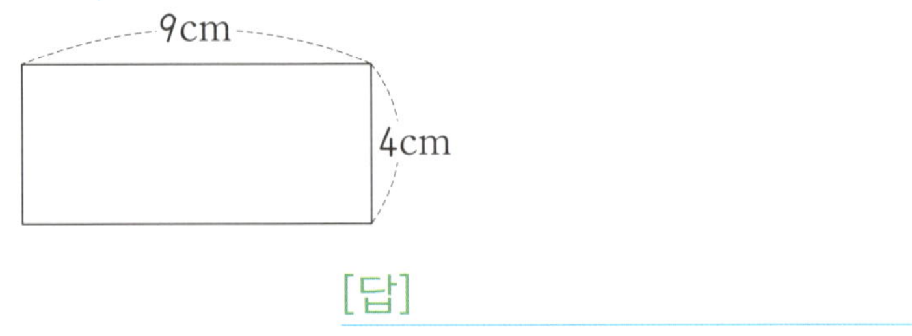


[답]

**5** 다음 정삼각형의 둘레에 대한 정삼각형의 한 변의 길이의 비를 구하시오.

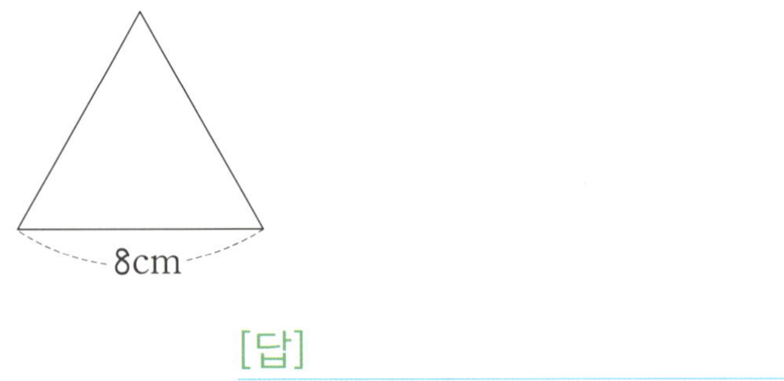


[답]

**6** 영민이는 혜정이와 가위바위보를 하였습니다. 영민이는 모두 **28**번을 하여 $\frac{4}{7}$ 를 이겼습니다. 전체 가위바위보를 한 횟수에 대한 영민이가 이긴 횟수의 비를 구하시오.

[답]

 사고력 학습

✿ 이름 :

✿ 날짜 :

✿ 시간 :　시　분 ～　시　분

확인

## ◆ 비율(1) ◆

> 빨간색 구슬 **4**개의 크기를 비교하기 위하여 파란색 구슬 **9**개를 기준으로 할 때, **4**개를 비교하는 양, **9**개를 기준량이라고 합니다. 기준량에 대한 비교하는 양의 크기 $\dfrac{(비교하는\ 양)}{(기준량)}$ 을 비율이라고 합니다.

비교하는 양과 기준량을 차례로 쓰시오. [1~4]

**1** 빵의 수에 대한 과자의 수의 비

[답]

**2** 남학생 수에 대한 여학생 수의 비

[답]

**3** (연필 수) : (색연필 수)

[답]

**4** 9 대 7

[답]

사고력 학습

**5** 수진이네 반 학생은 모두 33명이고, 그중 남학생은 17명, 여학생은 16명입니다. 빈칸에 알맞은 수를 써넣으시오.

| 비 | 비교하는 양 | 기준량 | 비율(분수) |
|---|---|---|---|
| 전체 학생 수에 대한 남학생 수의 비 | 17 | 33 | $\dfrac{17}{33}$ |
| 전체 학생 수에 대한 여학생 수의 비 | | | |
| 남학생 수에 대한 여학생 수의 비 | | | |
| 여학생 수에 대한 남학생 수의 비 | | | |

**6** 민준이네 농장에는 돼지와 염소가 모두 49마리 있고, 그중 돼지는 23마리, 염소는 26마리입니다. 빈칸에 알맞은 수를 써넣으시오.

| 비 | 비교하는 양 | 기준량 | 비율(분수) |
|---|---|---|---|
| 전체 가축 수에 대한 돼지 수의 비 | | | |
| 전체 가축 수에 대한 염소 수의 비 | | | |
| 돼지 수에 대한 염소 수의 비 | | | |
| 염소 수에 대한 돼지 수의 비 | | | |

I-305a



★ 이름 :
★ 날짜 :
★ 시간 :　　시　　분 ~ 　　시　　분

확인

◆ **비율(2)** ◆

**1** 비교하는 양을 나타내는 수가 다른 하나를 찾아 기호를 쓰시오.

> ㉠ 13과 7의 비　　　　　㉡ 13 : 11
> ㉢ 13에 대한 5의 비　　　㉣ 13의 9에 대한 비

[답]

**2** 비교하는 양이 기준량보다 작은 것을 찾아 기호를 쓰시오.

> ㉠ 3에 대한 10의 비　　　㉡ 5의 11에 대한 비
> ㉢ 9 대 2　　　　　　　　㉣ 15와 7의 비

[답]

**3** 비율이 같은 것끼리 선으로 이으시오.

| 9와 20의 비 | • | • | $\dfrac{3}{8}$ | • | • | 0.38 |
| 50에 대한 19의 비 | • | • | $\dfrac{19}{50}$ | • | • | 0.45 |
| 3 : 8 | • | • | $\dfrac{9}{20}$ | • | • | 0.375 |

사고력 학습

**4** 비율을 잘못 나타낸 것을 찾아 기호를 쓰시오.

> ㉠ 3 : 10 ➡ $\dfrac{3}{10}$  ㉡ 6과 15의 비 ➡ 0.4
>
> ㉢ 11의 25에 대한 비 ➡ 0.44  ㉣ 8에 대한 5의 비 ➡ $1\dfrac{3}{5}$

[답]

**5** 전체에 대한 색칠한 부분의 비율을 분수와 소수로 차례로 나타내시오.

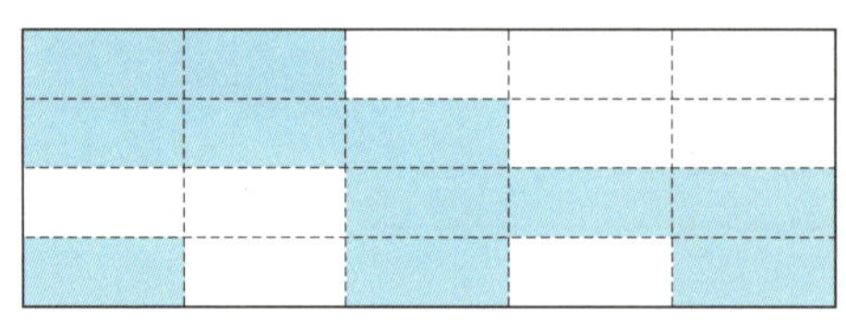

[답]

**6** 비율이 가장 큰 것을 찾아 기호를 쓰시오.

> ㉠ 13과 125의 비
> ㉡ 20에 대한 3의 비
> ㉢ 7의 50에 대한 비

[답]

사고력 학습

★이름 :

★날짜 :

★시간 : 시 분 ~ 시 분

확인

◆ 비율(3) ◆

**1** 승현이는 사탕 12개, 초콜릿 7개를 샀습니다. 물음에 답하시오.

(1) 사탕 수에 대한 초콜릿 수의 비율을 분수로 나타내시오.

[답]

(2) 초콜릿 수에 대한 사탕 수의 비율을 분수로 나타내시오.

[답]

**2** 16인승 승합차에 10명이 탔습니다. 승합차에 탈 수 있는 전체 인원수에 대한 탑승자 수의 비율을 소수로 나타내시오.

[답]

**3** 소금물 500g에 소금이 84g 녹아 있습니다. 소금물에 대한 소금의 비율을 소수로 나타내시오.

[답]

사고력 학습

**4** 형준이네 반과 유진이네 반 학생들이 축구 경기를 했습니다. 형준이네 반은 3골, 유진이네 반은 4골을 넣었습니다. 유진이네 반의 골의 수에 대한 형준이네 반의 골의 수의 비율을 분수와 소수로 차례로 나타내시오.

[답]

**5** 검은 바둑돌이 65개, 흰 바둑돌이 60개 있습니다. 전체 바둑돌의 수에 대한 검은 바둑돌의 수의 비율을 기약분수와 소수로 차례로 나타내시오.

[답]

**6** 노란색 색종이 45장과 파란색 색종이 150장이 있습니다. 이 중에서 노란색 색종이 18장과 파란색 색종이 72장으로 종이학을 접었습니다. 각각의 색종이에 대한 사용하고 남은 색종이의 비율이 더 높은 것은 무슨 색 색종이입니까?

[답]

사고력 학습

✿ 이름 :

✿ 날짜 :

✿ 시간 :　　시　　분～　　시　　분

◆ **백분율(1)** ◆

> 기준량을 100으로 할 때 비교하는 양의 비율을 백분율이라고 합니다. 백분율은 %를 써서 나타내고, 퍼센트라고 읽습니다. 65%는 비율 0.65를 기준량 100으로 했을 때의 값입니다.
>
> 예) $4 : 5 \Rightarrow \dfrac{4}{5} = \dfrac{80}{100} \Rightarrow 80\%$

**1** 오른쪽 그림을 보고 물음에 답하시오.

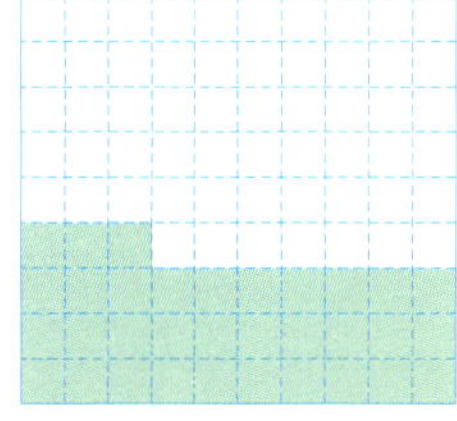

(1) 전체에 대한 색칠한 부분의 비율을 분수로 나타내시오.

[답]

(2) 전체에 대한 색칠한 부분의 비율을 백분율로 나타내시오.

[답]

🐸 그림을 보고 전체에 대한 색칠한 부분의 비율을 백분율로 나타내시오. [2~3]

**2**

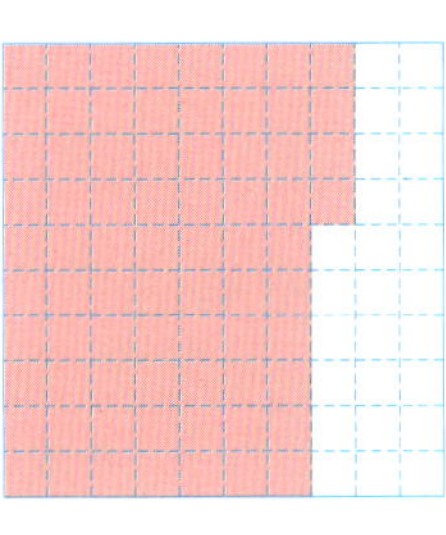

[답]

**3**

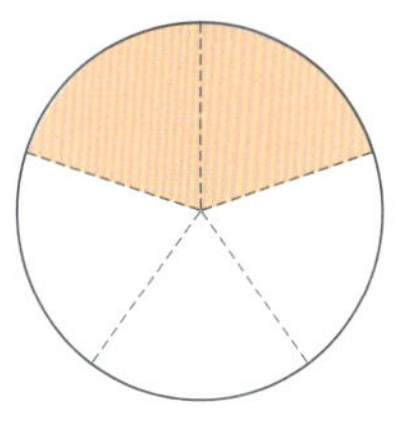

[답]

사고력 학습

🐸 비율을 백분율로 나타내시오. [4~7]

**4** $\dfrac{3}{4}$ ➡ (　　　　　　　)　　　　**5** $\dfrac{17}{20}$ ➡ (　　　　　　　)

**6** 0.43 ➡ (　　　　　　　)　　　　**7** 1.26 ➡ (　　　　　　　)

🐸 비의 비율을 백분율로 나타내시오. [8~9]

**8** 9의 25에 대한 비 ➡ (　　　　　　　)

**9** 13 : 50 ➡ (　　　　　　　)

**10** 빈칸에 알맞은 수를 써넣으시오.

| 백분율 | 비율(분수) | 비율(소수) |
|:---:|:---:|:---:|
| 27% | | |
| 83% | | |
| 109% | | |

☀ 이름 :

☀ 날짜 :

☀ 시간 :　　시　　분 ~ 　　시　　분

확인

◆ **백분율(2)** ◆

**1** 16%만큼 그림에 색칠하시오.

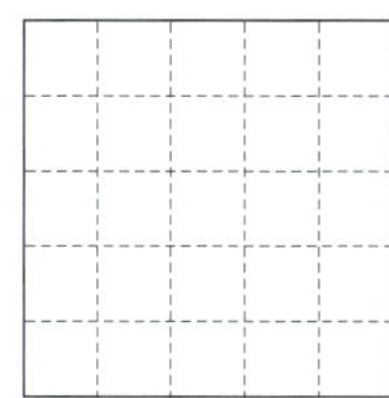

**2** 비율이 다른 하나를 찾아 기호를 쓰시오.

> ㉠ 0.55　　　　㉡ $\dfrac{13}{20}$　　　　㉢ 65%

[답]

**3** 비율의 크기를 비교하여 ◯ 안에 >, =, < 를 알맞게 써넣으시오.

$$\dfrac{11}{40} \bigcirc 27\%$$

사고력 학습

**4** 비의 비율을 백분율로 바르게 나타낸 것을 찾아 기호를 쓰시오.

> ㉠ 77의 125에 대한 비 ➡ 6.16%
> ㉡ 5에 대한 8의 비 ➡ 62.5%
> ㉢ 17 대 40 ➡ 42.5%

[답]

**5** 비율이 작은 것부터 차례로 기호를 쓰시오.

> ㉠ 0.32　　　㉡ $\dfrac{7}{20}$　　　㉢ $\dfrac{9}{25}$　　　㉣ 31.2%

[답]

**6** 다음 비의 비율을 백분율로 나타내면 54%입니다. ★에 알맞은 수를 구하시오.

> 50에 대한 ★의 비

[답]

 사고력 학습

◆ **백분율(3)** ◆

**1** 우형이는 노란색 구슬을 47개, 빨간색 구슬을 53개 가지고 있습니다. 물음에 답하시오.

   (1) 노란색 구슬은 전체의 몇 %입니까?

          [답]

   (2) 빨간색 구슬은 전체의 몇 %입니까?

          [답]

**2** 민석이는 색 테이프의 $\frac{3}{4}$만큼을 선물을 포장하는 데 사용하였습니다. 민석이가 사용한 색 테이프는 전체의 몇 %입니까?

          [답]

**3** 과수원에서 딴 사과 1000개 중에서 115개가 썩었습니다. 썩은 사과는 과수원에서 딴 사과 전체의 몇 %입니까?

          [답]

**4** 의진이는 백화점에서 15000원짜리 모자를 25% 할인된 가격으로 샀습니다. 의진이가 산 모자는 얼마입니까?

[답]

**5** 어느 농구 선수의 자유투 성공률은 75%입니다. 이 선수가 자유투를 152개 시도했다면 성공한 자유투는 몇 개입니까?

[답]

**6** 혁주네 학교 5학년 학생은 260명입니다. 그중에서 45%가 동생이 없습니다. 동생이 있는 학생은 몇 명입니까?

[답]

**7** 어느 문구점에서는 도매상에서 5400원에 사 온 크레파스에 5%의 이익을 붙여 정가를 매겼습니다. 이 크레파스의 정가는 얼마입니까?

[답]

 사고력 학습

I-310a

## ◆ 할푼리(1) ◆

> 비율을 소수로 나타낼 때, 그 소수 첫째 자리를 할, 소수 둘째 자리를 푼, 소수 셋째 자리를 리라고 합니다. 8에 대한 5의 비율을 소수로 나타내면 0.625이고 할푼리로 나타내면 6할2푼5리라고 읽습니다.

🐸 소수는 할푼리로, 할푼리는 소수로 나타내시오. [1~6]

1 0.257 ➡ (                    )

2 0.604 ➡ (                    )

3 1.69 ➡ (                    )

4 2할2푼5리 ➡ (                    )

5 5푼 ➡ (                    )

6 13할9푼8리 ➡ (                    )

🐸 비율을 할푼리로 나타내시오. [7~10]

7 2 : 5 ➡ (                    )

8 3 : 8 ➡ (                    )

9 $\frac{9}{20}$ ➡ (                    )

10 $\frac{88}{125}$ ➡ (                    )

🐸 백분율은 할푼리로, 할푼리는 백분율로 나타내시오. [11~16]

**11** 13% ➡ ( )　　**12** 40.6% ➡ ( )

**13** 152% ➡ ( )　　**14** 4할2푼7리 ➡ ( )

**15** 5푼9리 ➡ ( )　　**16** 21할3리 ➡ ( )

**17** 빈칸에 알맞게 써넣으시오.

| 비＼비율 | 분수 | 소수 | 백분율 | 할푼리 |
|---|---|---|---|---|
| 3 : 4 | | | | |
| 11 : 8 | | | | |

★ 이름 :

★ 날짜 :

★ 시간 :　시　분 ~　시　분

◆ **할푼리(2)** ◆

**1** 비율을 할푼리로 바르게 나타낸 것을 찾아 기호를 쓰시오.

> ㉠ 0.809 ➡ 8할9푼
>
> ㉡ 58% ➡ 5할8푼
>
> ㉢ $1\frac{2}{25}$ ➡ 1할8리

[답]

**2** 그림을 보고 전체에 대한 색칠한 부분을 할푼리로 나타내시오.

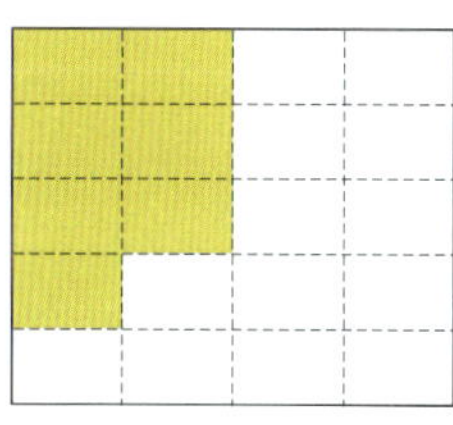

[답]

**3** 비율의 크기를 비교하여 ○ 안에 >, =, < 를 알맞게 써넣으시오.

$$\frac{63}{125} \bigcirc 5할4푼$$

**4** 비율이 다른 하나를 찾아 기호를 쓰시오.

> ㉠ 84%　　　㉡ 8할4리　　　㉢ $\dfrac{21}{25}$

[답]

**5** 비율이 큰 것부터 차례로 기호를 쓰시오.

> ㉠ $\dfrac{29}{40}$　　　㉡ 0.275
>
> ㉢ 73%　　　㉣ 7할5푼

[답]

**6** 전체의 4할8푼만큼 색칠하시오.

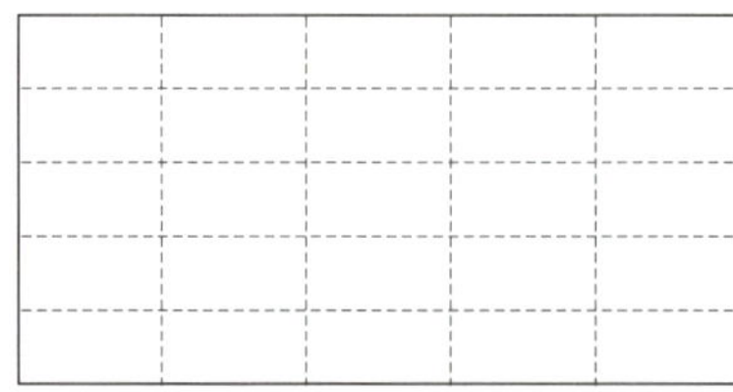

사고력 학습

◆ **할푼리(3)** ◆

**1** 성원이는 수학 시험에서 20문제 중에서 17문제를 맞혔습니다. 전체 문제 수에 대한 맞힌 문제 수의 비를 할푼리로 나타내시오.

[답]

**2** 어느 야구 선수가 올해 200번의 타수 중 안타를 27번 쳤습니다. 이 선수의 타율을 할푼리로 나타내시오.

[답]

**3** 현진이는 희원이와 가위바위보를 했습니다. 모두 16번을 하여 현진이가 12번을 이겼습니다. 현진이가 이긴 비율을 할푼리로 나타내시오.

[답]

**4** 지수는 우표 12장 중에서 9장을 동생에게 주었습니다. 전체 우표 수에 대하여 지수가 동생에게 주고 남은 우표 수의 비율을 할푼리로 나타내시오.

[답]

**5** 오리와 돼지가 그림과 같이 있습니다. 전체에 대한 오리의 비율을 할푼리로 나타내시오.

[답]

**6** 운동장에 모인 학생 50명 중에서 5할2푼이 남학생입니다. 운동장에 모인 학생 중에서 여학생은 몇 명입니까?

[답]

**7** 재훈이는 구슬을 125개 가지고 있습니다. 구슬 전체의 2할8푼이 파란색 구슬이고 그 파란색 구슬 중에서 40%를 친구에게 주었습니다. 재훈이가 친구에게 준 구슬은 몇 개입니까?

[답]

 사고력 학습

 ## 창의력 학습

태희네 집 앞에는 대형 문구점이 있습니다. 이 문구점에서는 정가가 500원인 공책을 수요일에는 450원, 토요일에는 350원에 판매하고 있습니다. 이 문구점에서 수요일과 토요일에 판매하는 공책은 각각 몇 % 할인된 것인지 차례로 쓰시오.

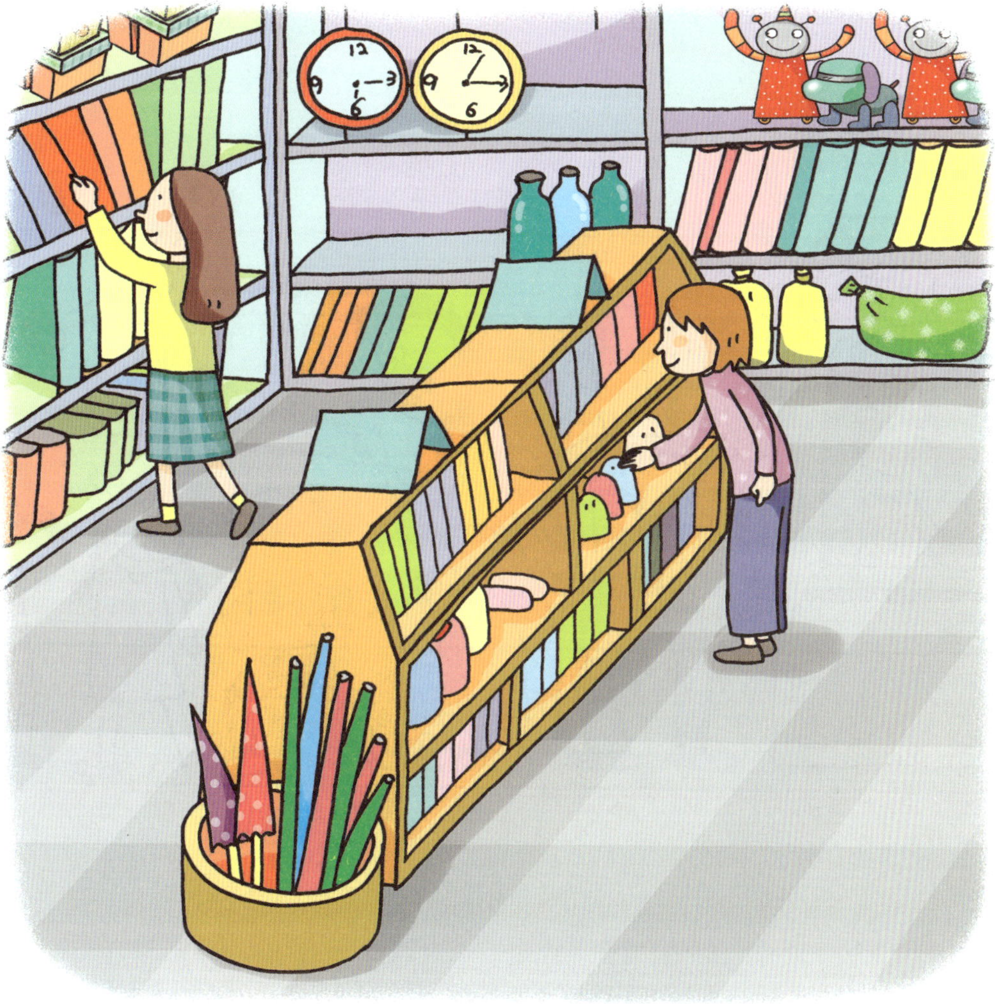

[답]

민수네 반 학생들은 교장 선생님, 담임 선생님과 함께 현장 학습을 갔습니다. 동물원에서 여러 가지 동물도 구경하고, 놀이 동산에서 놀이 기구도 탔습니다. 동물원의 입장료는 어른이 2400원이고, 학생은 어른의 6할이라고 합니다. 놀이 기구를 한 번 타는 가격은 2000원이고 학생들만 놀이 기구를 1번씩 탔습니다. 입장료와 놀이 기구를 타는 데 사용한 돈이 모두 135520원이라면 민수네 반 학생은 모두 몇 명입니까?

[답]

창의력 학습

#  경시대회 예상문제

**1** 다음 정사각형의 넓이에 대한 삼각형의 넓이의 비를 구하시오.

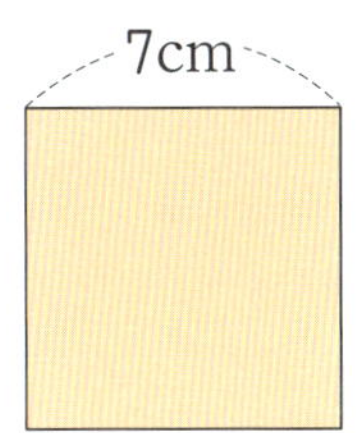


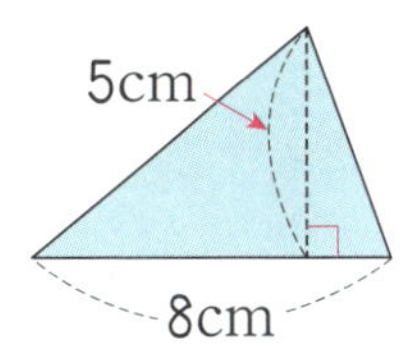


[답]

**2** ⓛ에 대한 ㉠의 비율은 0.4이고, ㉠에 대한 ㉢의 비율은 $\frac{4}{5}$ 입니다. ⓛ에 대한 ㉢의 비율을 소수로 나타내시오.

[답]

**3** 어떤 비의 기준량과 비교하는 양의 합이 138입니다. 이 비의 비율을 소수로 나타내면 0.84입니다. 비교하는 양은 얼마입니까?

[답]

**4** 다음과 같은 직사각형 모양의 꽃밭 가, 나가 있습니다. 가 꽃밭에는 $39m^2$만큼 튤립을 심고, 나 꽃밭에는 $56m^2$만큼 해바라기를 심었습니다. 가, 나 중에서 어느 꽃밭이 꽃을 심고 남은 꽃밭의 비율이 더 높습니까?

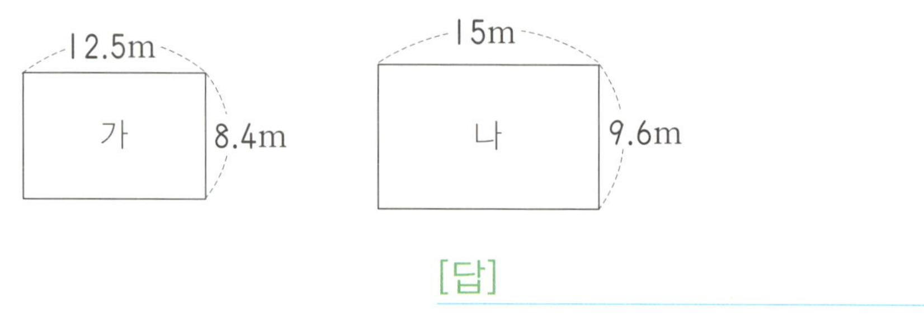


[답]



**5** 어느 옷가게에서 판매하는 바지 한 벌의 값은 56000원입니다. 바지 한 벌당 판매 이익이 판매 가격의 17%라고 할 때, 바지 5벌을 판다면 옷가게에 생기는 판매 이익금은 얼마인지 풀이 과정을 쓰고 답을 구하시오.

[답]

**6** 똑같은 장난감 자동차를 가 상점에서는 가격이 14500원인데 8% 할인해 주고, 나 상점에서는 가격이 15500원인데 12% 할인해 준다고 합니다. 장난감 자동차를 더 싸게 파는 곳은 어디입니까?

[답]

**7** 오른쪽 정사각형의 가로는 15% 줄이고, 세로는 20% 늘여서 직사각형을 만들었습니다. 정사각형과 직사각형 중 어느 것이 몇 cm² 더 넓습니까?

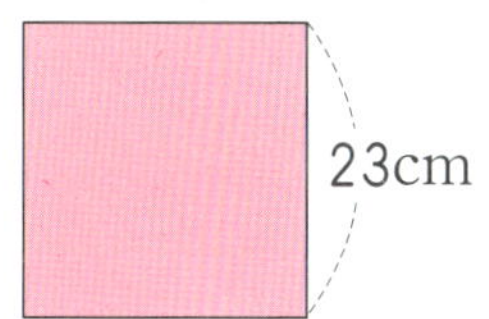


[답]

**8** 은행별로 1년 동안 예금한 돈과 찾은 돈을 나타낸 것입니다. 가, 나, 다 중에서 이자율이 가장 높은 은행은 어느 은행입니까?

| 은행 | 예금한 돈 | 찾은 돈 |
|---|---|---|
| 가 | 500000원 | 512500원 |
| 나 | 450000원 | 463050원 |
| 다 | 700000원 | 718200원 |

[답]

**9** 다음 직사각형에서 가로에 대한 세로의 비율을 할푼리로 나타내시오.



[답]

**10** 떨어뜨린 높이의 6할만큼 튀어 오르는 공이 있습니다. 이 공을 20m의 높이에서 떨어뜨리면 3번째 떨어질 때까지 움직인 거리는 몇 m입니까?

[답]



**11** 형준이네 밭은 500a입니다. 이 밭의 5할2푼에 감자를 심고, 나머지의 75%에는 고구마를 심었습니다. 전체 밭에 대한 아무것도 심지 않은 밭의 넓이의 비율을 소수로 나타내는 과정을 쓰고 답을 구하시오.

[답]

**12** 들이가 2L인 물병에 물이 80%만큼 들어 있습니다. 기준이가 운동을 마친 후 들어 있는 물의 4할5푼을 마셨습니다. 처음에 들어 있던 물의 양에 대한 남아 있는 물의 양의 비율을 할푼리로 나타내시오.

[답]

## 학습 관리표

| 학습 내용 | | 이번 주는? |
| --- | --- | --- |
| **문제 해결 방법 찾기** | · 실제로 해 보기와 표 만들기<br>· 그림 그리기와 식 만들기<br>· 예상하고 확인하기와 표 만들기<br>· 실제로 해 보기와 규칙 찾기<br>· 창의력 학습<br>· 경시대회 예상문제 | • 학습 방법 : ① 매일매일　② 가끔　③ 한꺼번에<br>　하였습니다.<br>• 학습 태도 : ① 스스로 잘　② 시켜서 억지로<br>　하였습니다.<br>• 학습 흥미 : ① 재미있게　② 싫증내며<br>　하였습니다.<br>• 교재 내용 : ① 적합하다고　② 어렵다고　③ 쉽다고<br>　하였습니다. |
| **지도 교사가 부모님께** | | **부모님이 지도 교사께** |
| | | |
| **평가** | Ⓐ 아주 잘함　　Ⓑ 잘함　　Ⓒ 보통　　Ⓓ 부족함 | |

원(교)　　　　　반　　이름　　　　　전화

www.gitan.co.kr / (02)586-1007(대)

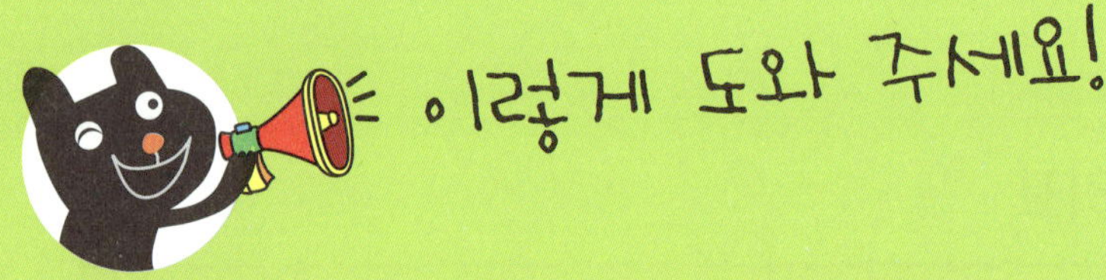

## ● 학습 목표
- 한 문제를 여러 가지 방법으로 해결하고 그 방법을 비교할 수 있습니다.
- 실제로 해 보면서 해결하는 전략과 표를 만들어 해결하는 전략을 비교할 수 있습니다.
- 그림을 그리면서 해결하는 전략과 식을 만들어서 해결하는 전략을 비교할 수 있습니다.
- 예상하고 확인하면서 해결하는 전략과 표를 만들어 해결하는 전략을 비교할 수 있습니다.
- 실제로 해 보면서 해결하는 전략과 규칙을 찾아서 해결하는 전략을 비교할 수 있습니다.

## ● 지도 내용
- 실제로 해 보면서 해결하게 합니다.
- 표를 만들어 해결하게 합니다.
- 그림을 그리면서 해결하게 합니다.
- 식을 만들어서 해결하게 합니다.
- 예상하고 확인하면서 해결하게 합니다.
- 규칙을 찾아서 해결하게 합니다.

## ● 지도 요점
각 학년에서 공부한 문제를 해결하는 방법을 기초로 하여 하나의 문제를 여러 가지 방법으로 해결하고, 그 방법을 비교할 수 있도록 합니다.

I-316a



## ◆ 실제로 해 보기와 표 만들기(1) ◆

유진이는 책을 모두 38권 가지고 있습니다. 책꽂이 9칸에 책을 꽂는데 한 칸에 4권 또는 5권을 꽂았습니다. 책을 4권 꽂은 칸과 5권 꽂은 칸은 각각 몇 칸인지 알아보려고 합니다. 물음에 답하시오. [1~2]

**1** 실제로 해 보면서 문제를 풀어 보시오.

(1) 책꽂이 9칸에 책을 4권씩 꽂고 남은 책은 몇 권입니까?

[답]

(2) (1)에서 남은 책을 책꽂이 1칸에 1권씩 더 꽂으면 4권 꽂힌 칸과 5권 꽂힌 칸은 각각 몇 칸인지 차례로 구하시오.

[답]

**2** 표를 만들어 문제를 풀어 보시오.

(1) 표를 완성하시오.

| 4권씩 꽂은 칸의 수(칸) | 8 | 7 | 6 | 5 | 4 |
|---|---|---|---|---|---|
| 5권씩 꽂은 칸의 수(칸) | 1 | 2 | 3 | | |
| 책의 수(권) | | | | | |

(2) 책을 4권 꽂은 칸과 5권 꽂은 칸은 각각 몇 칸인지 차례로 구하시오.

[답]

🐸 정웅이의 주머니에는 500원짜리 동전 2개, 100원짜리 동전 2개, 50원짜리 동전 3개가 있습니다. 정웅이가 주머니에서 동전 4개를 꺼냈더니 1150원이었습니다. 정웅이가 꺼낸 500원짜리 동전, 100원짜리 동전, 50원짜리 동전은 각각 몇 개인지 알아보려고 합니다. 물음에 답하시오. [3~4]

**3** 실제로 해 보면서 문제를 풀어 보시오.

(1) 동전 4개를 꺼냈더니 500원짜리 동전 2개, 100원짜리 동전 2개였습니다. 꺼낸 동전은 모두 얼마입니까?

[답]

(2) (1)에서 꺼낸 동전이 1150원이 아니므로 꺼낸 동전을 주머니에 집어넣고 다시 동전 4개를 꺼냈더니 500원짜리 동전 2개, 100원짜리 동전 1개, 50원짜리 동전 1개였습니다. 꺼낸 동전은 모두 얼마입니까?

[답]

(3) 정웅이가 꺼낸 500원짜리 동전, 100원짜리 동전, 50원짜리 동전은 각각 몇 개인지 차례로 구하시오.

[답]

**4** 표를 만들어 문제를 풀어 보고 정웅이가 꺼낸 500원짜리 동전, 100원짜리 동전, 50원짜리 동전은 각각 몇 개인지 차례로 구하시오.

| 500원짜리 동전의 수(개) | 2 | 2 | 2 | 1 | 1 | 1 | 0 | 0 |
|---|---|---|---|---|---|---|---|---|
| 100원짜리 동전의 수(개) | 2 | 1 | 0 | 2 | 1 | 0 | 2 | 1 |
| 50원짜리 동전의 수(개) | 0 | 1 | 2 | 1 | | | | |
| 합계(원) | | | | | | | | |

[답]

사고력 학습

**이름 :**

**날짜 :**

**시간 :** 시   분 ~   시   분

확인

## ◆ 실제로 해 보기와 표 만들기(2) ◆

가위바위보를 해서 이기면 4점을 얻고, 지면 1점을 잃습니다. 나리가 친구와 가위바위보를 14번 하여 31점을 얻었습니다. 비기는 경우는 없을 때 나리가 몇 번 이겼는지 알아보려고 합니다. 물음에 답하시오. [1~2]

**1** 실제로 해 보면서 문제를 풀어 보시오.

(1) 나리가 가위바위보를 하여 이긴 횟수가 10번, 진 횟수가 4번이었습니다. 나리가 얻는 점수는 몇 점입니까?

[답]

(2) 나리가 가위바위보를 하여 이긴 횟수가 9번, 진 횟수가 5번이었습니다. 나리가 얻는 점수는 몇 점입니까?

[답]

(3) 나리는 가위바위보를 하여 몇 번 이겼습니까?

[답]

**2** 표를 만들어 문제를 풀어 보고 나리가 몇 번 이겼는지 구하시오.

| 이긴 횟수(번) | 7 | 8 | 9 | 10 | 11 |
|---|---|---|---|---|---|
| 진 횟수(번) | | | | | |
| 점수(점) | | | | | |

[답]

준상이가 동화책을 펼쳤더니 두 쪽수의 곱이 600이었습니다. 준상이가 펼친 동화책은 몇 쪽과 몇 쪽인지 알아보려고 합니다. 물음에 답하시오. [3~4]

**3** 실제로 해 보면서 문제를 풀어 보시오.

(1) 동화책을 펼쳤더니 26쪽, 27쪽이었습니다. 두 쪽수의 곱은 얼마입니까?

[답]

(2) 동화책을 다시 펼쳤더니 28쪽, 29쪽이었습니다. 두 쪽수의 곱은 얼마입니까?

[답]

(3) 동화책을 다시 펼쳤더니 24쪽, 25쪽이었습니다. 두 쪽수의 곱은 얼마입니까?

[답]

(4) 준상이가 펼친 동화책은 몇 쪽과 몇 쪽입니까?

[답]

**4** 표를 만들어 문제를 풀어 보고 준상이가 펼친 동화책은 몇 쪽과 몇 쪽인지 구하시오.

| 왼쪽 면(쪽) | 20 | 22 | 24 | 26 | 28 |
|---|---|---|---|---|---|
| 오른쪽 면(쪽) | | | | | |
| 펼친 두 쪽수의 곱 | | | | | |

[답]

 사고력 학습

✿ 이름 :

✿ 날짜 :

✿ 시간 :　시　분 ～　시　분

확인

### ◆ 실제로 해 보기와 표 만들기(3) ◆

다음 숫자 카드가 각각 2장씩 있습니다. 이 중에서 4장을 뽑아 합이 22가 되도록 하려고 합니다. 어떤 숫자 카드를 몇 장 뽑아야 하는지 알아보려고 합니다. 물음에 답하시오. [1~2]

**1** 실제로 해 보면서 문제를 풀어 보시오.

[답]

**2** 표를 만들어 문제를 풀어 보시오.

[답]

사고력 학습

**3** 올해 현경이는 12살, 오빠는 16살, 언니는 18살이고, 아버지는 50살입니다. 현경, 오빠, 언니의 나이의 합과 아버지의 나이가 같아지는 때는 올해부터 몇 년 후입니까?

[답]

**4** 혜리의 주머니에는 500원짜리 동전 2개, 100원짜리 동전 3개, 50원짜리 동전 3개가 있습니다. 혜리가 주머니에서 동전 5개를 꺼냈더니 1200원이었습니다. 혜리가 꺼낸 500원짜리 동전, 100원짜리 동전, 50원짜리 동전은 각각 몇 개인지 차례로 구하시오.

[답]

**5** 진경이는 4000원으로 거스름돈을 남기지 않고 사탕과 과자를 섞어서 사려고 합니다. 사탕 한 개는 300원, 과자 한 개는 800원입니다. 진경이는 사탕과 과자를 각각 몇 개 살 수 있는지 차례로 구하시오.

[답]

 사고력 학습

## ◆ 그림 그리기와 식 만들기(1) ◆

한 변이 40cm인 정사각형이 있습니다. 이 정사각형을 잘라 가로와 세로의 비가 8 : 5인 가장 큰 직사각형을 만들려면 가로와 세로는 각각 몇 cm로 해야 하는지 알아보려고 합니다. 물음에 답하시오. [1~2]

**1** 그림을 그려 문제를 풀어 보시오.

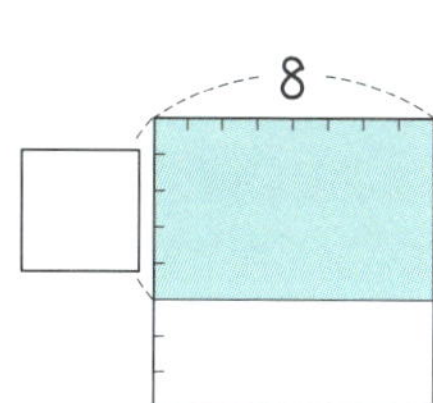

(1) ☐ 안에 알맞은 수를 써넣으시오.

(2) 정사각형의 가로와 세로를 8등분한 것 중의 하나는 몇 cm입니까?

[답]

(3) 조건을 만족하는 가장 큰 직사각형을 만들려면 가로와 세로는 각각 몇 cm로 해야 하는지 차례로 구하시오.

[답]

**2** 식을 만들어 문제를 풀어 보시오.

(1) 가로와 세로의 비가 8 : 5이므로 가로를 I로 하면 세로는 $5 \div 8 = \dfrac{\square}{\square}$ 입니다.

(2) 조건을 만족하는 가장 큰 직사각형을 만들려면 가로는 ☐ cm, 세로는 $\dfrac{\square}{\square} \times 40 = \square$ (cm)로 해야 합니다.

🐸 호숫가에 오리와 백조가 모두 32마리 있습니다. 오리는 백조의 수의 3배입니다. 오리와 백조는 각각 몇 마리인지 알아보려고 합니다. 물음에 답하시오. [3~4]

**3** 그림을 그려 문제를 풀어 보시오.

(1) □ 안에 알맞은 말을 써넣으시오.

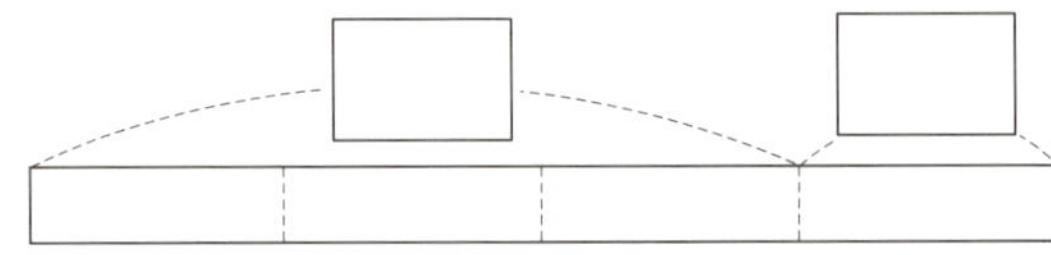

(2) 전체를 4등분한 것 중의 하나는 몇 마리입니까?

[답]

(3) 백조는 몇 마리입니까?

[답]

(4) 오리는 몇 마리입니까?

[답]

**4** 식을 만들어 문제를 풀어 보시오.

(1) 백조의 수를 ★마리라 할 때 오리의 수를 ★을 사용하여 나타내시오.

[답]

(2) 식을 세워 백조의 수를 구하시오.

(오리 수)+(백조 수)=32, ★×□+★=32, ★×□=32,

★=□(마리)

(3) 오리의 수를 구하시오.

[답]

## ◆ 그림 그리기와 식 만들기(2) ◆

영애는 사탕 33개를 언니와 나누어 먹으려고 합니다. 영애가 언니보다 9개 더 많이 먹으려면 영애는 몇 개를 먹게 되는지 알아보려고 합니다. 물음에 답하시오.

[1~2]

**1** 그림을 그려 문제를 풀어 보시오.

(1) □ 안에 알맞은 수를 써넣으시오.

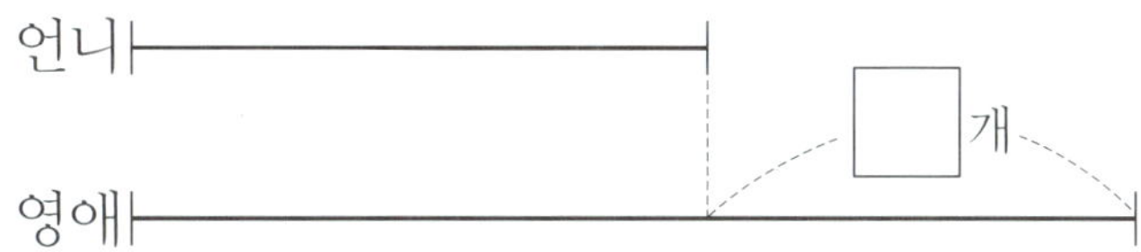


(2) 언니는 사탕 몇 개를 먹게 됩니까?

[답]

(3) 영애는 사탕 몇 개를 먹게 됩니까?

[답]

**2** 식을 만들어 문제를 풀어 보시오.

(1) 영애가 먹게 되는 사탕 수를 ● 개라 할 때 언니가 먹게 되는 사탕 수를 ● 를 사용하여 나타내시오.

[답]

(2) 식을 세워 영애가 먹게 될 사탕의 수를 구하시오.

(영애가 먹게 되는 사탕 수)＋(언니가 먹게 되는 사탕 수)＝33,

● ＋ ● － □ ＝ 33,  2 × ● ＝ □ ,  ● ＝ □ (개)

전체 길이가 30cm인 가래떡을 영주, 동화, 준희가 남김없이 나누어 먹었습니다. 영주가 먹은 가래떡은 전체 길이에서 영주가 먹은 길이를 뺀 나머지의 $\dfrac{1}{5}$과 같고, 동화가 먹은 가래떡의 길이는 영주가 먹은 가래떡의 길이와 같습니다. 영주, 동화, 준희가 먹은 가래떡의 길이는 각각 몇 cm인지 알아보려고 합니다. 물음에 답하시오.

[3~4]

**3** 그림을 그려 문제를 풀어 보시오.

(1) □ 안에 알맞은 말을 써넣으시오.

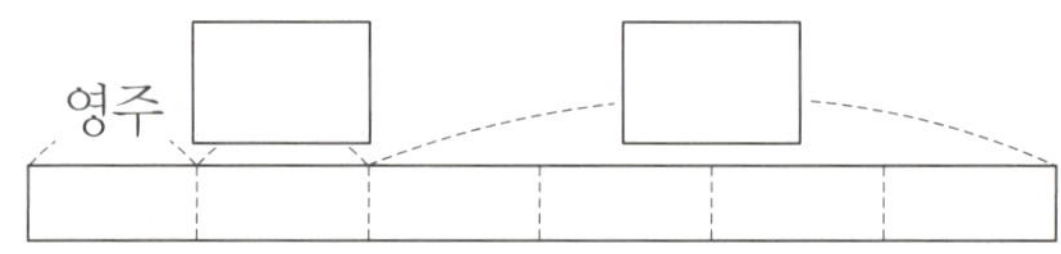


(2) 30을 6등분한 것 중의 하나는 □ cm이므로 각각 먹은 가래떡의 길이는

영주 □ cm, 동화 □ cm, 준희 □ cm입니다.

**4** 식을 만들어 문제를 풀어 보시오.

(1) 영주가 먹은 가래떡을 ◆cm라고 할 때 □ 안에 알맞게 써넣으시오.

$$\blacklozenge = (30 - \boxed{\phantom{0}}) \times \dfrac{1}{\boxed{\phantom{0}}}, \quad \blacklozenge \times \boxed{\phantom{0}} = 30 - \boxed{\phantom{0}},$$

$$\blacklozenge \times \boxed{\phantom{0}} = 30, \quad \blacklozenge = \boxed{\phantom{0}}$$

(2) 영주, 동화, 준희가 먹은 가래떡의 길이는 각각 몇 cm인지 차례로 구하시오.

[답]

사고력 학습

✿ 이름 :

✿ 날짜 :

✿ 시간 :　　시　　분 ～　　시　　분

확인

◆ **그림 그리기와 식 만들기(3)** ◆

삼촌의 몸무게는 85kg이고, 이모의 몸무게는 삼촌의 $\frac{3}{5}$이고, 나의 몸무게는 이모의 $\frac{2}{3}$입니다. 나의 몸무게는 몇 kg인지 알아보려고 합니다. 물음에 답하시오.

[1~2]

**1** 그림을 그려 문제를 풀어 보시오.

[답]

**2** 식을 만들어 문제를 풀어 보시오.

[답]

사고력 학습

**3** 둘레가 90cm인 직사각형이 있습니다. 이 직사각형의 가로는 세로의 4배일 때, 가로와 세로는 각각 몇 cm인지 차례로 구하시오.

[답]

**4** 구슬 60개가 있습니다. 은수는 전체의 $\dfrac{5}{12}$를 가졌고, 경준이는 나머지의 $\dfrac{4}{7}$를 가졌습니다. 은수와 경준이가 가지고 남은 구슬은 몇 개입니까?

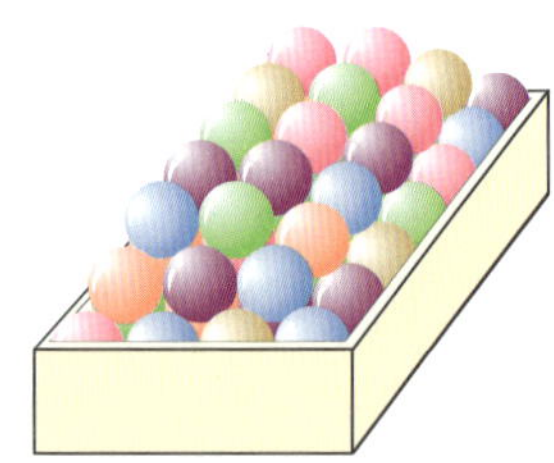

[답]

**5** 성민이는 집에서 240km 떨어진 할머니 댁에 가는데 전체의 $\dfrac{3}{5}$은 기차를 타고, 나머지의 $\dfrac{3}{4}$은 버스를 타고, 나머지는 택시를 탔습니다. 택시를 탄 거리는 몇 km입니까?

[답]

## ◆ 예상하고 확인하기와 표 만들기(1) ◆

재희는 3점짜리와 5점짜리 문제가 함께 있는 과학 시험에서 22문제를 맞혀서 86점을 받았습니다. 재희는 3점짜리 문제와 5점짜리 문제를 각각 몇 개 맞혔는지 알아보려고 합니다. 물음에 답하시오. [1~2]

**1** 예상하고 확인하며 문제를 풀어 보시오.

(1) 3점짜리 문제 11개, 5점짜리 문제 11개를 맞혔다고 예상하면 몇 점입니까?

[답]

(2) 알맞은 말에 ◯표 하시오.

> (1)에서 예상한 점수는 86점보다 (적으므로, 많으므로)
> (3점짜리 문제, 5점짜리 문제) 수를 늘려서 예상합니다.

(3) 3점짜리 문제 12개, 5점짜리 문제 10개를 맞혔다고 예상하면 몇 점입니까?

[답]

(4) 재희는 3점짜리 문제, 5점짜리 문제를 각각 몇 개 맞혔는지 차례로 구하시오.

[답]

**2** 표를 만들어 문제를 풀어 보시오.

(1) 표를 완성하시오.

| 3점짜리 문제 수(개) | 11 | 12 | 13 | 14 |
| --- | --- | --- | --- | --- |
| 5점짜리 문제 수(개) | 11 | | | |
| 점수(점) | | | | |

(2) 재희는 3점짜리 문제, 5점짜리 문제를 각각 몇 개 맞혔는지 차례로 구하시오.

[답]

🐸 어떤 두 자연수의 합은 34입니다. 이 두 자연수의 곱은 280입니다. 어떤 두 자연수는 무엇인지 알아보려고 합니다. 물음에 답하시오. [3~4]

**3** 예상하고 확인하며 문제를 풀어 보시오.

(1) 한 자연수를 15라고 예상하면 다른 자연수는 얼마입니까?

[답]

(2) (1)에서 예상한 두 자연수의 곱은 얼마입니까?

[답]

(3) 한 자연수를 14라고 예상하면 다른 자연수는 얼마입니까?

[답]

(4) (3)에서 예상한 두 자연수의 곱은 얼마입니까?

[답]

(5) 두 자연수는 무엇입니까?

[답]

**4** 표를 만들어 문제를 풀어 보시오.

(1) 표를 완성하시오.

| 두 자연수 | 12 | 13 | 14 | 15 | 16 |
|---|---|---|---|---|---|
|  |  |  |  |  |  |
| 곱 |  |  |  |  |  |

(2) 두 자연수는 무엇입니까?

[답]

★ 이름 :

★ 날짜 :

★ 시간 :　　시　　분 ~　　시　　분

확인

### ◆ 예상하고 확인하기와 표 만들기(2) ◆

영국이는 1월부터 매월 500원씩 저금을 하였고, 수정이는 3월부터 매월 900원씩 저금을 하였습니다. 수정이의 저금액이 영국이의 저금액보다 많아지는 달은 몇 월인지 알아보려고 합니다. 물음에 답하시오. [1~2]

**1** 예상하고 확인하며 문제를 풀어 보시오.

(1) 수정이의 저금액이 영국이의 저금액보다 많아지는 달을 4월이라고 예상할 때 영국이와 수정이의 저금액을 차례로 구하시오.

[답]

(2) 수정이의 저금액이 영국이의 저금액보다 많아지는 달을 5월이라고 예상할 때 영국이와 수정이의 저금액을 차례로 구하시오.

[답]

(3) 수정이의 저금액이 영국이의 저금액보다 많아지는 달은 몇 월입니까?

[답]

**2** 표를 만들어 문제를 풀어 보고 수정이의 저금액이 영국이의 저금액보다 많아지는 달을 구하시오.

| 월 | 1 | 2 | 3 | 4 | 5 |
|---|---|---|---|---|---|
| 영국이의 저금액(원) | 500 | 1000 | 1500 | | |
| 수정이의 저금액(원) | · | · | 900 | | |

[답]

🐸 그림과 같이 책상을 나란히 붙여서 32명이 앉으려고 합니다. 책상은 몇 개 필요한 지 알아보려고 합니다. 물음에 답하시오. [3~4]

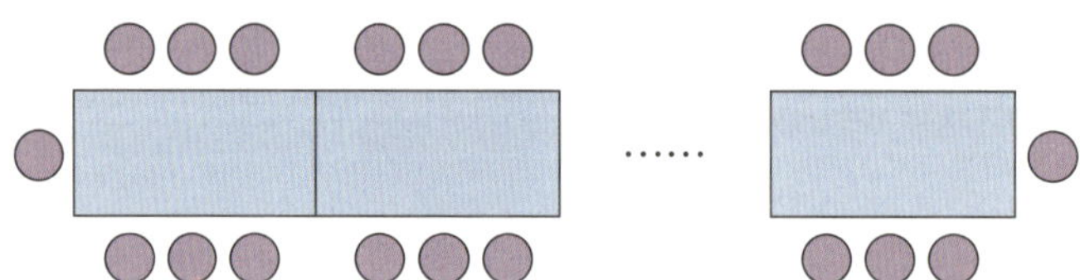

**3** 예상하고 확인하며 문제를 풀어 보시오.

(1) 책상을 4개라고 예상하면 몇 명이 앉을 수 있습니까?

[답]

(2) 알맞은 말에 ◯표 하시오.

> (1)에서 예상한 사람 수는 32명보다 (적으므로, 많으므로) 책상 수를 (줄여서, 늘려서) 예상합니다.

(3) 책상 수를 5개라고 예상하면 몇 명이 앉을 수 있습니까?

[답]

(4) 책상은 몇 개 필요합니까?

[답]

**4** 표를 만들어 문제를 풀어 보고 책상은 몇 개 필요한지 구하시오.

| 책상 수(개) | 1 | 2 | 3 | 4 | 5 |
|---|---|---|---|---|---|
| 사람 수(명) | | | | | |

[답]

 사고력 학습

✿ 이름 :

✿ 날짜 :

✿ 시간 :　　시　　분 ~　　시　　분

확인

## ◆ 예상하고 확인하기와 표 만들기(3) ◆

두발자전거와 세발자전거가 모두 44대 있습니다. 두발자전거와 세발자전거의 바퀴 수는 108개입니다. 두발자전거와 세발자전거는 각각 몇 대씩 있는지 알아보려고 합니다. 물음에 답하시오. [1~2]

**1** 예상하고 확인하며 문제를 풀어 보시오.

[답]

**2** 표를 만들어 문제를 풀어 보시오.

[답]

**3** 한 자루에 500원 하는 연필과 한 자루에 700원 하는 볼펜을 2900원어치 샀습니다. 연필과 볼펜을 합하여 5자루 샀을 때, 연필과 볼펜은 각각 몇 자루 샀는지 차례로 구하시오.

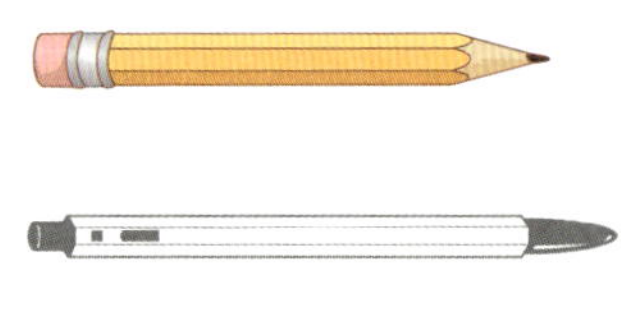

[답]

**4** 형주, 은미, 재현, 동훈이는 봄, 여름, 가을, 겨울 중 서로 다른 계절을 한 가지씩 좋아합니다. 형주는 봄을 좋아하고 재현이는 겨울을 좋아하지 않습니다. 은미는 가을을 좋아합니다. 재현이와 동훈이가 좋아하는 계절은 각각 무엇인지 차례로 구하시오.

[답]

**5** 경석이는 한 변이 1cm인 정삼각형과 정사각형을 합하여 14개 그렸습니다. 경석이가 그린 정삼각형과 정사각형의 각각의 둘레의 합은 50cm입니다. 경석이는 정삼각형과 정사각형을 각각 몇 개 그렸는지 차례로 구하시오.

[답]

사고력 학습

★ 이름 :

★ 날짜 :

★ 시간 :　　　시　　　분 ~　　　시　　　분

확인

◆ **실제로 해 보기와 규칙 찾기(1)** ◆

구슬이 규칙적으로 놓여 있습니다. 33번째에 놓일 구슬은 무슨 색인지 알아보려고 합니다. 물음에 답하시오. [1~2]

**1** 실제로 해 보면서 문제를 풀어 보시오.

(1) 구슬이 놓인 규칙을 찾아 색칠하시오.

(2) 33번째에 놓일 구슬은 무슨 색입니까?

[답]

**2** 규칙을 찾아 문제를 풀어 보시오.

(1) 구슬이 놓인 규칙을 쓰시오.

[답]

(2) □ 안에 알맞은 수나 말을 써넣으시오.

33÷4 = □ … □ 이므로 33번째에 놓일 구슬은 규칙이 □ 번 반복 되고 □ 번째와 같은 구슬입니다.

(3) 33번째에 놓일 구슬은 무슨 색입니까?

[답]

사고력 학습

🐸 2를 8번 곱한 값의 일의 자리 숫자를 알아보려고 합니다. 물음에 답하시오. [3~4]

**3** 실제로 해 보면서 문제를 풀어 보시오.

(1) ☐ 안에 알맞은 수를 써넣으시오.

$2,\ 2\times2=\boxed{\phantom{00}},\ 2\times2\times2=\boxed{\phantom{00}},\ 2\times2\times2\times2=\boxed{\phantom{00}},$

$2\times2\times2\times2\times2=\boxed{\phantom{00}},\ 2\times2\times2\times2\times2\times2=\boxed{\phantom{00}},$

$2\times2\times2\times2\times2\times2\times2=\boxed{\phantom{00}},$

$2\times2\times2\times2\times2\times2\times2\times2=\boxed{\phantom{00}}$

(2) 2를 8번 곱한 값의 일의 자리 숫자는 얼마입니까?

[답] ____________________

**4** 규칙을 찾아 문제를 풀어 보시오.

(1) ☐ 안에 알맞은 수를 써넣으시오.

$2,\ 2\times2=\boxed{\phantom{00}},\ 2\times2\times2=\boxed{\phantom{00}},\ 2\times2\times2\times2=\boxed{\phantom{00}},$

$2\times2\times2\times2\times2=\boxed{\phantom{00}},\ 2\times2\times2\times2\times2\times2=\boxed{\phantom{00}}$

(2) 곱의 일의 자리 숫자의 규칙을 쓰시오.

[답] ____________________

(3) 2를 8번 곱한 값의 일의 자리 숫자는 얼마입니까?

[답] ____________________

★이름 :

★날짜 :

★시간 :　　시　　분 ~　　시　　분

확인

◆ **실제로 해 보기와 규칙 찾기(2)** ◆

🐸 그림과 같이 다각형 안에 대각선을 그었습니다. 팔각형 안에 그을 수 있는 대각선은 몇 개인지 알아보려고 합니다. 물음에 답하시오. [1~2]

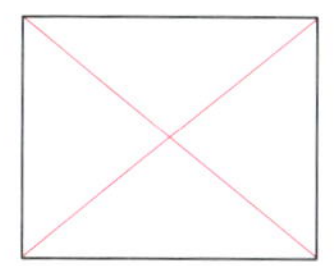 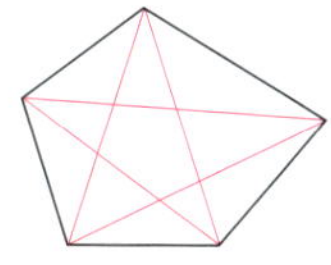 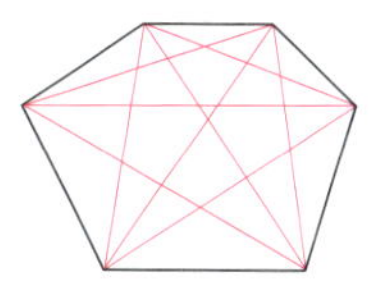

**1** 실제로 해 보면서 문제를 풀어 보시오.

(1) 칠각형 안에 대각선을 그어 보시오.

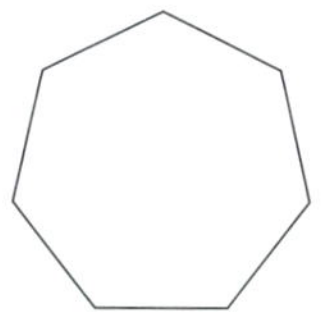

(2) 팔각형 안에 대각선을 그어 보시오.

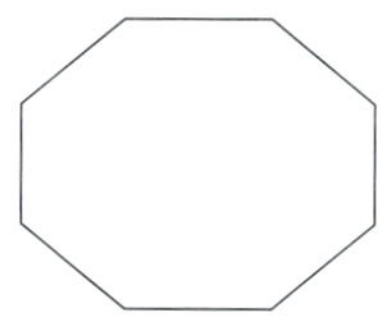

(3) 팔각형 안에 그을 수 있는 대각선은 몇 개입니까?

[답]

**2** 규칙을 찾아 문제를 풀어 보시오.

(1) 다각형 안에 그을 수 있는 대각선의 규칙을 찾아 표를 완성하시오.

| 다각형 | 사각형 | 오각형 | 육각형 | 칠각형 |
|---|---|---|---|---|
| 대각선의 수(개) | 2 | | | |

(2) 팔각형 안에 그을 수 있는 대각선은 몇 개입니까?

[답]

🐸 오른쪽 그림과 같이 바둑돌이 놓여 있습니다. 이와 같은 방법으로 바둑돌을 놓는다면 6번째에는 검은 바둑돌과 흰 바둑돌이 각각 몇 개씩 놓이는지 알아보려고 합니다. 물음에 답하시오. [3~4]

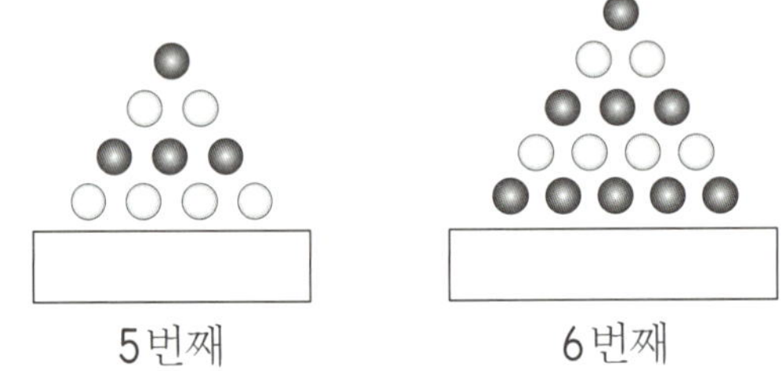

**3** 실제로 해 보면서 문제를 풀어 보시오.

(1) 5번째에 놓일 바둑돌과 6번째에 놓일 바둑돌을 차례로 그려 보시오.

5번째        6번째

(2) 6번째에는 검은 바둑돌과 흰 바둑돌이 각각 몇 개씩 놓이는지 차례로 구하시오.

[답]

**4** 규칙을 찾아 문제를 풀어 보시오.

(1) 바둑돌이 놓인 규칙을 찾아 ☐ 안에 알맞은 수를 써넣으시오.

| 순서(번째) | 1 | 2 | 3 | 4 | 5 |
|---|---|---|---|---|---|
| 검은 바둑돌 수(개) | 1 | 1 | 1+☐ | 1+☐ | 1+☐ +☐ |
| 흰 바둑돌 수(개) | 0 | 2 | 2 | 2+☐ | 2+☐ |

(2) 6번째에는 검은 바둑돌과 흰 바둑돌이 각각 몇 개씩 놓이는지 차례로 구하시오.

[답]

#### ◆ 실제로 해 보기와 규칙 찾기(3) ◆

그림과 같이 통나무를 잘랐더니 9도막이 되었습니다. 통나무는 몇 번 자른 것인지 알아보려고 합니다. 물음에 답하시오. [1~2]

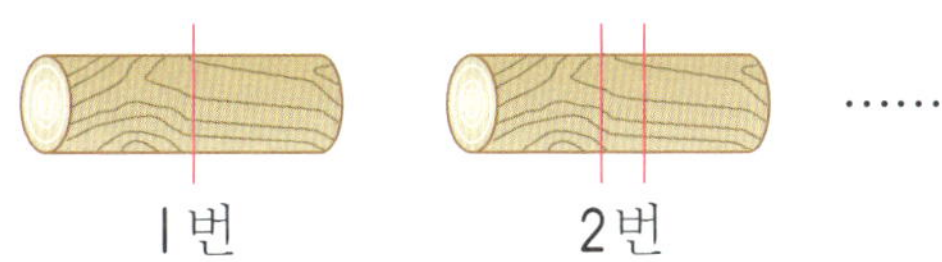


**1** 실제로 해 보면서 문제를 풀어 보시오.

[답]

**2** 규칙을 찾아 문제를 풀어 보시오.

[답]

**3** 색종이를 그림과 같이 완전히 겹쳐지게 몇 번 접었더니 32등분이 되었습니다. 색종이는 몇 번 접었습니까?

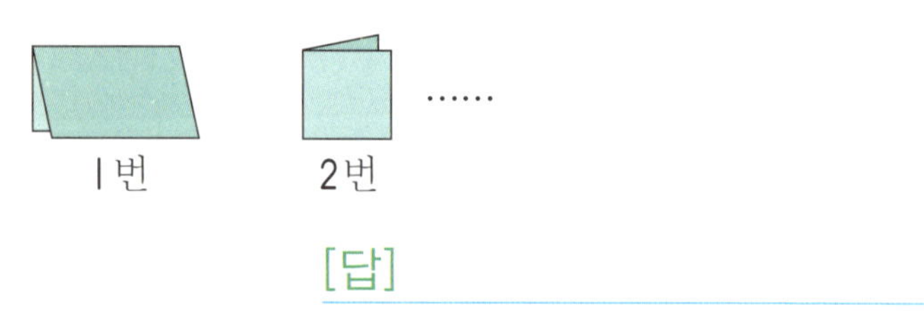


[답]

**4** 그림과 같이 성냥개비를 늘어놓아 정삼각형 10개를 만들려고 합니다. 성냥개비는 모두 몇 개 필요합니까?

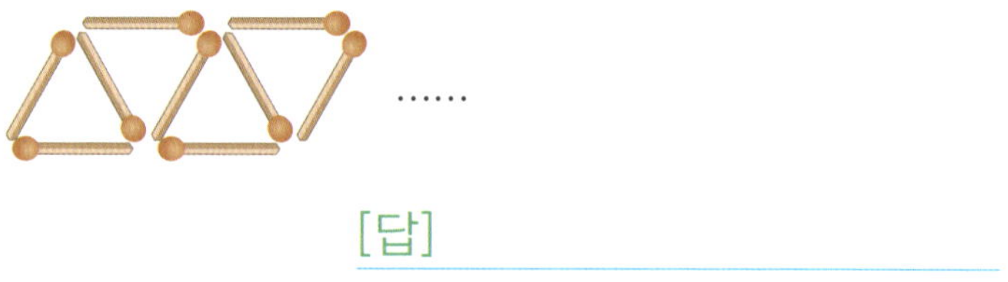


[답]

**5** 그림과 같이 붙임 딱지를 붙였습니다. 이와 같은 방법으로 붙임 딱지를 붙인다면 7번째에 붙이는 붙임 딱지는 모두 몇 개입니까?

[답]

사고력 학습

 ## 창의력 학습

재중이는 돼지저금통에 들어 있던 100원짜리 동전 8개를 다음과 같이 한 줄로 놓았습니다. 물음에 답하시오.

(1) 어제는 재중이가 숙제를 하지 않아서 어머니께서 홀수 번째에 놓인 동전을 50원짜리 동전으로 바꾸어 놓으셨습니다. 놓인 동전은 얼마입니까?

[답]

(2) 오늘은 재중이가 심부름을 해서 어머니께서 어제 놓인 동전에서 4의 배수 번째에 놓인 동전을 500원짜리 동전으로 바꾸어 놓으셨습니다. 놓인 동전은 얼마입니까?

[답]

정희와 영준이는 숫자 야구 게임을 하려고 합니다. 먼저 정희가 I부터 5까지의 수 중 세 숫자를 골라 세 자리 수를 만들면, 영준이가 그 수를 예상하여 맞히려고 합니다. 이때 정희는 예상한 수의 자리와 숫자가 모두 맞으면 스트라이크, 숫자는 맞으나 자리가 틀리면 볼이라고 대답하기로 했습니다. 정희가 세 자리 수를 만들고 영준이가 예상을 하고 있습니다. 정희가 만든 수를 구하시오.

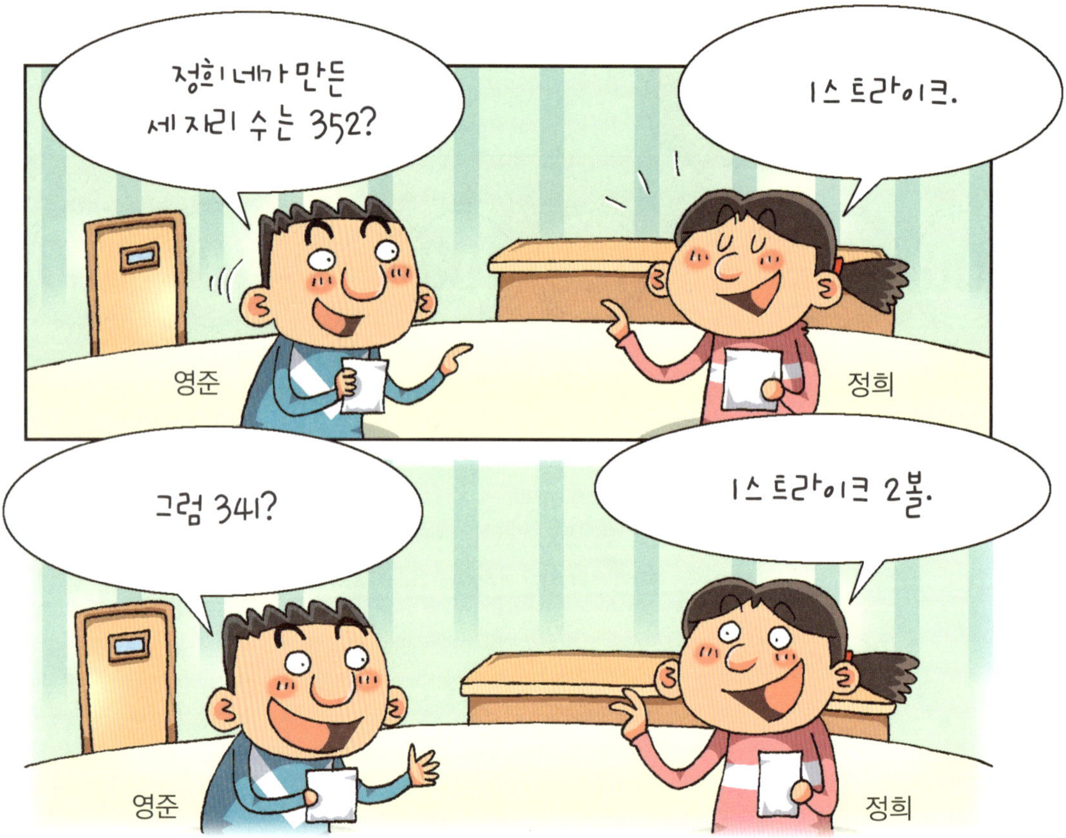

[답]

#  경시대회 예상문제

**1** 50에서 300까지의 자연수 중에서 맨 앞의 숫자와 맨 뒤의 숫자를 서로 바꾸어도 같은 수가 되는 수는 모두 몇 개입니까?

[답]

**2** 가위바위보를 해서 이기면 4점을 얻고, 지면 2점을 잃고, 비기면 1점을 잃습니다. 승유가 동생과 가위바위보를 7번 하여 17점을 얻었습니다. 승유는 몇 번 이겼습니까?

[답]



**3** 선분 ㄱㄴ의 점 ㄱ으로부터 $\dfrac{1}{3}$ 지점에 점 ㄷ을 표시하고, 선분 ㄷㄴ의 점 ㄷ으로부터 $\dfrac{1}{4}$ 지점에 점 ㄹ을 표시하였습니다. 선분 ㄷㄹ이 3.5cm일 때 선분 ㄱㄴ은 몇 cm인지 구하는 풀이 과정을 쓰고 답을 구하시오.

[답]

**4** 경수는 가지고 있던 철사의 $\frac{3}{4}$ 을 상자를 묶는 데 사용하고, 나머지의 $\frac{3}{4}$ 을 동생에게 주었더니 15cm가 남았습니다. 경수가 처음에 가지고 있던 철사는 몇 cm입니까?

[답]

**5** 길이가 343cm인 끈을 세 도막으로 잘랐습니다. 나 도막은 가 도막보다 10cm 더 길고 다 도막보다 23cm 더 짧습니다. 나 도막은 몇 cm입니까?

[답]

**6** 한 변이 40m인 정사각형 모양의 꽃밭을 가로는 $\frac{3}{8}$ 배만큼 줄이고, 세로는 $\frac{2}{8}$ 배만큼 늘여서 새로 만들었습니다. 새로 만든 꽃밭의 넓이는 처음 꽃밭의 넓이의 몇 배입니까?

[답]

 경시대회 예상문제

**7** 다음 과녁에 화살을 3개 쏘아서 모두 맞혔습니다. 얻을 수 있는 점수는 모두 몇 가지입니까?

[답]

**8** 연속된 두 자리 수의 세 자연수가 있습니다. 이 세 자연수의 곱이 21924일 때, 세 자연수를 구하시오.

[답]

**9** 진영이는 파란색 구슬 31개와 노란색 구슬 100개를 가지고 있습니다. 각각 같은 개수만큼 동생에게 주었더니 남은 노란색 구슬의 수가 파란색 구슬의 수의 4배가 되었습니다. 진영이가 동생에게 준 구슬은 모두 몇 개입니까?

[답]

경시대회 예상문제

**10** 다음과 같은 규칙으로 수를 늘어놓았습니다. 38번째에는 어떤 수가 놓이겠는지 풀이 과정을 쓰고 답을 구하시오.

$$1 \quad 1 \quad 3 \quad 1 \quad 3 \quad 5 \quad 1 \quad 3 \quad 5 \quad 7 \quad 1 \quad 3 \quad 5 \quad 7 \quad 9 \cdots\cdots$$

[답]

**11** 다음과 같은 방법으로 철사를 잘라 여러 도막으로 나누려고 합니다. 철사를 7번 자르면 몇 도막으로 나누어지겠습니까?

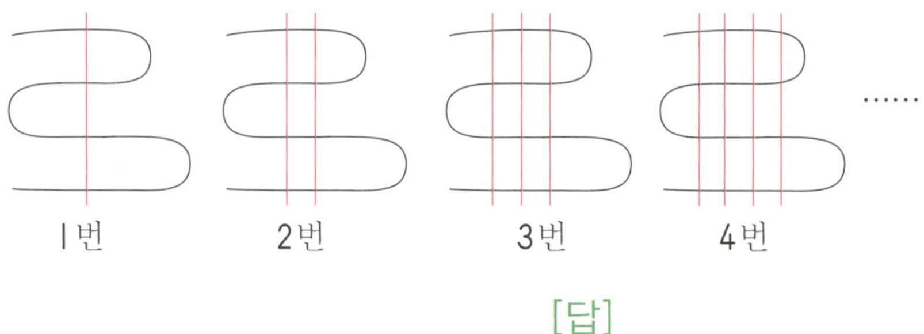



[답]

**12** 오른쪽과 같은 방법으로 같은 번호의 점끼리 직선으로 이었습니다. 이와 같은 방법으로 1번부터 8번까지 모두 이을 때 직선끼리 만나서 생기는 점은 몇 개입니까?

[답]

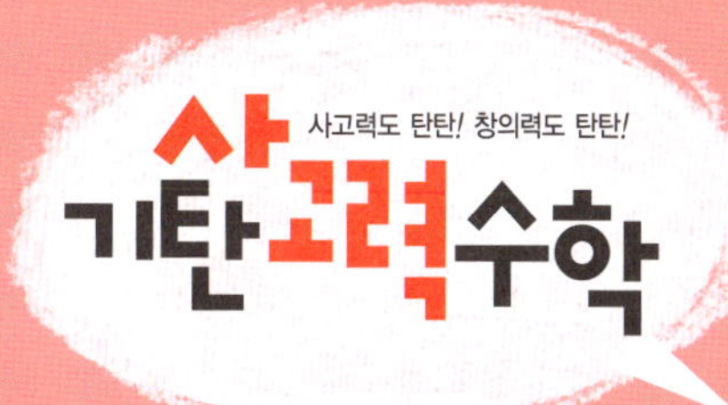

## 학습 관리표

| 학습 내용 | | 이번 주는? |
|---|---|---|
| 확인 학습 | · 비와 비율<br>· 문제 해결 방법 찾기<br>· 창의력 학습<br>· 경시대회 예상문제 | · 학습 방법 : ① 매일매일  ② 가끔  ③ 한꺼번에<br> 하였습니다.<br>· 학습 태도 : ① 스스로 잘  ② 시켜서 억지로<br> 하였습니다.<br>· 학습 흥미 : ① 재미있게  ② 싫증내며<br> 하였습니다.<br>· 교재 내용 : ① 적합하다고  ② 어렵다고  ③ 쉽다고<br> 하였습니다. |
| 지도 교사가 부모님께 | | 부모님이 지도 교사께 |
| | | |
| 평가 | Ⓐ 아주 잘함　　Ⓑ 잘함　　Ⓒ 보통　　Ⓓ 부족함 | |

원(교)　　　　반　　이름　　　　　전화

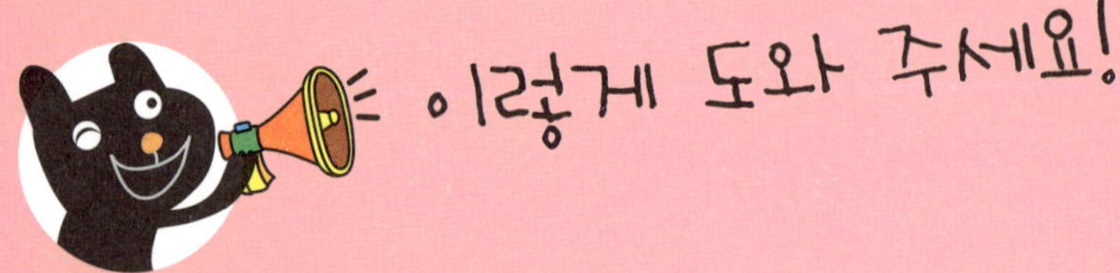


## ● 학습 목표
– 비교하는 양, 기준량을 알고 비율을 구할 수 있습니다.
– 비율을 분수, 소수, 백분율로 나타내고 이들의 상호 관계를 이해할 수 있습니다.
– 할푼리의 뜻을 알고, 여러 가지 비율을 할푼리로 나타낼 수 있습니다.
– 실제로 해 보면서 해결하는 전략과 표를 만들어 해결하는 전략을 비교할 수 있고, 그림을 그리면서 해결하는 전략과 식을 만들어 해결하는 전략을 비교할 수 있습니다.
– 예상하고 확인하면서 해결하는 전략과 표를 만들어 해결하는 전략을 비교할 수 있고, 실제로 해 보면서 해결하는 전략과 규칙을 찾아서 해결하는 전략을 비교할 수 있습니다.

## ● 지도 내용
– 두 수의 비를 기호로 나타내게 하고, 비교하는 두 수의 기준량과 비교하는 양을 알아보게 합니다.
– 비율, 백분율의 뜻을 알아보게 합니다.
– 두 수의 상대적인 크기를 비교하는 방법, 비율을 백분율, 소수로 나타내는 방법과 소수를 할푼리로 나타내는 방법을 알아보게 합니다.
– 실제로 해 보면서 해결하게 합니다.
– 표를 만들어 해결하게 합니다.
– 그림을 그리면서 해결하게 합니다.
– 식을 만들어서 해결하게 합니다.
– 예상하고 확인하면서 해결하게 합니다.
– 규칙을 찾아서 해결하게 합니다.

## ● 지도 요점
앞에서 학습한 비와 비율, 문제 해결 방법 찾기를 확인 학습하는 주입니다.
여러 유형의 문제를 접해 보게 함으로써 아이가 학습한 지식을 잘 응용할 수 있도록 지도해 주십시오.

✿ 이름 :

✿ 날짜 :

✿ 시간 :　시　분 ~ 시　분

확인

---

◆ **비와 비율(1)** ◆

**1** 원숭이의 수와 토끼의 수의 비를 구하시오.

[답]

**2** 관계있는 것끼리 선으로 이으시오.

(1)　5 : 9　·

(2)　9 : 5　·

· ㉠　9 대 5

· ㉡　5의 9에 대한 비

**3** 그림을 보고 전체에 대한 색칠한 부분의 비를 구하시오.

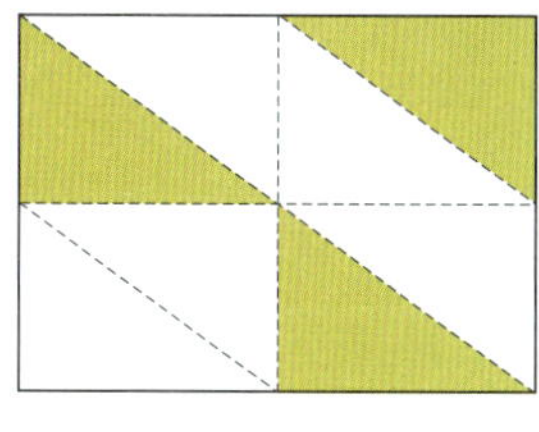

[답]

확인 학습

**4** 비에 대한 설명이 옳은 것을 찾아 기호를 쓰시오.

> ㉠ 12와 9의 비는 9 : 12입니다.
> ㉡ 20 대 7은 7에 대한 20의 비와 같습니다.
> ㉢ 3 : 5는 3에 대한 5의 비입니다.

[답]

**5** 우진이네 반 학생은 32명입니다. 이 중에서 안경을 쓴 학생은 21명입니다. 안경을 쓰지 않은 학생 수와 전체 학생 수의 비를 구하시오.

[답]

**6** 냉장고에 사과가 14개, 귤이 11개 있습니다. 빈칸에 알맞은 수를 써넣으시오.

| 비 | 비교하는 양 | 기준량 | 비율(분수) |
|---|---|---|---|
| 전체 과일 수에 대한 사과 수의 비 | 14 | 25 | $\dfrac{14}{25}$ |
| 전체 과일 수에 대한 귤 수의 비 | | | |
| 사과 수에 대한 귤 수의 비 | | | |
| 귤 수에 대한 사과 수의 비 | | | |

확인 학습

**7** 비교하는 양을 나타내는 수가 다른 하나를 찾아 기호를 쓰시오.

> ㉠ 8의 12에 대한 비    ㉡ 8 대 21
> ㉢ 8과 9의 비    ㉣ 8에 대한 15의 비

[답]

**8** 전체에 대한 색칠한 부분의 비율을 분수와 소수로 차례로 나타내시오.

[답]

**9** 색연필 20자루와 연필 13자루가 있습니다. 색연필의 수에 대한 연필의 수의 비율을 분수와 소수로 차례로 나타내시오.

[답]

**10** 그림을 보고 전체에 대한 색칠한 부분을 백분율로 나타내시오.

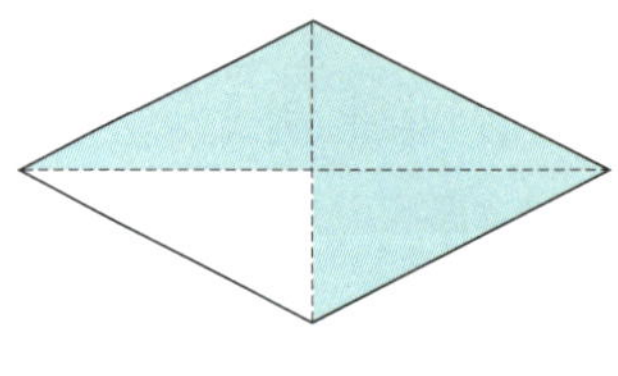

[답]

**11** 비율의 크기를 비교하여 ○ 안에 >, =, <를 알맞게 써넣으시오.

$$\frac{31}{50} \bigcirc 63\%$$

**12** 백분율을 비율로 잘못 나타낸 것을 찾아 기호를 쓰시오.

㉠ 44% ➡ 0.44　　㉡ 60% ➡ 0.6
㉢ 47.5% ➡ $\frac{19}{40}$　　㉣ 36% ➡ $\frac{3}{8}$

[답]

 확인 학습

**13** 현중이는 케이크의 $\dfrac{12}{25}$ 만큼을 먹었습니다. 현중이가 먹고 남은 케이크는 전체의 몇 %입니까?

[답]

**14** 윤희는 문구점에서 24000원짜리 인형을 35% 할인된 가격으로 샀습니다. 윤희가 산 인형은 얼마입니까?

[답]

**15** 비율을 할푼리로 나타내시오.

23 : 40

[답]

**16** 그림을 보고 전체에 대한 색칠한 부분을 할푼리로 나타내시오.

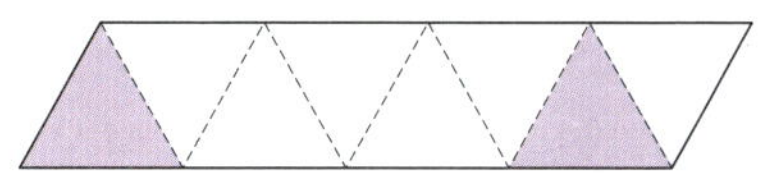

[답]

**17** 비율의 크기를 비교하여 ○ 안에 >, =, <를 알맞게 써넣으시오.

$$4할6리 \bigcirc \frac{52}{125}$$

**18** 비율이 다른 하나를 찾아 기호를 쓰시오.

$$⊙\ 17.5\% \qquad ⓒ\ \frac{7}{40} \qquad ⓒ\ 17할5푼$$

[답]

**19** 경수는 색종이 15장 중에서 9장을 사용하였습니다. 전체 색종이 수에 대한 사용한 색종이 수의 비를 할푼리로 나타내시오.

[답]

**20** 해인이는 농구공 넣기 시합에서 공을 24번 던져서 골대에 15번 넣었습니다. 해인이가 성공한 비율을 할푼리로 나타내시오.

[답]

🌸 이름 :

🌸 날짜 :

🌸 시간 :　　시　　분 ～　　시　　분

확인

◆ **비와 비율**(2) ◆

**1** 주어진 비를 보고 전체에 대한 부분의 비를 그림에 색칠하시오.

5 : 9

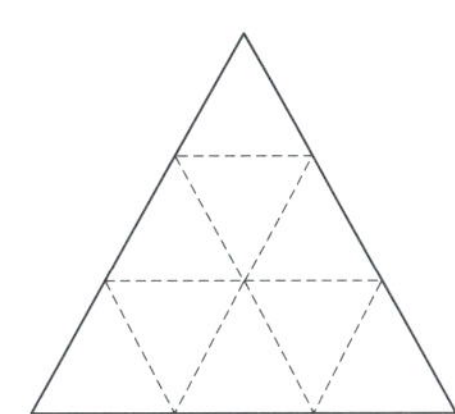

**2** □ 안에 알맞은 수가 작은 것부터 차례로 기호를 쓰시오.

㉠ 13 대 16 ➡ ● : □
㉡ 15와 24의 비 ➡ □ : ▲
㉢ 17에 대한 9의 비 ➡ ★ : □

[답]

**3** 다음 정사각형의 둘레에 대한 정사각형의 한 변의 길이의 비를 구하시오.

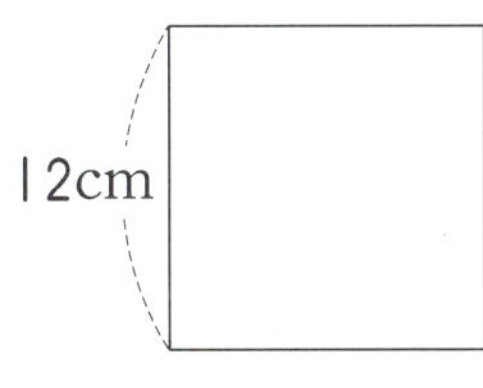


[답]

확인 학습

**4** 우정이는 사탕을 35개 가지고 있습니다. 이 중에서 $\frac{2}{5}$ 만큼을 친구에게 주었습니다. 우정이가 처음에 가지고 있던 전체 사탕 수에 대한 우정이가 친구에게 주고 남은 사탕 수의 비를 구하시오.

[답]

**5** 비교하는 양이 기준량보다 작은 것을 찾아 기호를 쓰시오.

> ㉠ 50의 9에 대한 비    ㉡ 7 대 5
> ㉢ 14와 19의 비    ㉣ 8에 대한 21의 비

[답]

**6** 비율을 잘못 나타낸 것을 찾아 기호를 쓰시오.

> ㉠ 7과 10의 비 ➡ $\frac{7}{10}$    ㉡ 27의 50에 대한 비 ➡ 0.45
> ㉢ 11 : 40 ➡ 0.275    ㉣ 125에 대한 85의 비 ➡ $\frac{17}{25}$

[답]

확인 학습

**7** 비율이 큰 것부터 차례로 기호를 쓰시오.

> ㉠ 19 : 50
> ㉡ 6의 15에 대한 비
> ㉢ 125에 대한 46의 비

[답]

**8** 공원에 남학생이 54명, 여학생이 66명 있습니다. 전체 학생 수에 대한 남학생 수의 비율을 기약분수와 소수로 차례로 나타내시오.

[답]

**9** 사과 25개와 자두 40개가 있습니다. 이 중에서 사과 11개와 자두 13개를 먹었습니다. 처음에 있었던 각각의 과일에 대하여 먹고 남은 과일의 비율이 더 높은 것은 어떤 과일입니까?

[답]

**10** 24%만큼 그림에 색칠하시오.

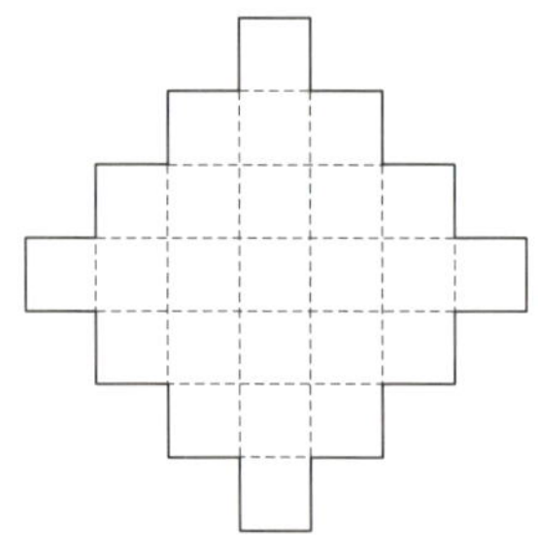

**11** 비율이 가장 작은 것을 찾아 기호를 쓰시오.

㉠ $\dfrac{21}{50}$    ㉡ 32%    ㉢ $\dfrac{7}{20}$    ㉣ 0.375

[답]

**12** 다음 비의 비율을 백분율로 나타내면 75%입니다. ★에 알맞은 수를 구하시오.

★에 대한 3의 비

[답]

확인 학습

**13** 승희네 꽃밭은 420m²입니다. 그중에서 65%에 장미를 심고 나머지에는 튤립을 심었습니다. 튤립을 심은 꽃밭은 몇 m²입니까?

[답]

**14** 어느 신발가게에서는 도매상에서 45000원에 사 온 운동화에 4%의 이익을 붙여 정가를 매겨서 판매하고 있습니다. 이 운동화의 정가는 얼마입니까?

[답]

**15** 빈칸에 알맞게 써넣으시오.

| 비 \ 비율 | 분수 | 소수 | 백분율 | 할푼리 |
|---|---|---|---|---|
| 2 : 5 | | | | |
| 31 : 20 | | | | |

**16** 비율이 작은 것부터 차례로 기호를 쓰시오.

> ㉠ 0.548　　　㉡ 5할4리　　　㉢ 61%　　　㉣ $\dfrac{73}{125}$

[답]

**17** 전체의 1할5푼만큼 색칠하시오.

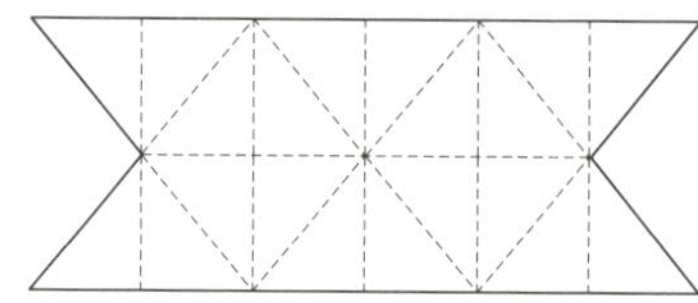

**18** 어느 야구 선수가 올해 120번의 타수 중 안타를 33번 쳤습니다. 이 선수의 타율을 할푼리로 나타내시오.

[답]

**19** 어느 은행에 1년 이율이 3푼8리인 예금이 있습니다. 이 은행에 어머니가 1년 동안 700만 원을 예금하셨을 때, 1년 뒤에 통장에 돈은 모두 얼마가 됩니까?

[답]

 확인 학습

## ◆ 문제 해결 방법 찾기(1) ◆

유준이가 사전을 펼쳤더니 두 쪽수의 합이 105였습니다. 유준이가 펼친 사전은 몇 쪽과 몇 쪽인지 알아보려고 합니다. 물음에 답하시오. [1~2]

**1** 실제로 해 보면서 문제를 풀어 보시오.

(1) 사전을 펼쳤더니 48쪽, 49쪽이었습니다. 두 쪽수의 합은 얼마입니까?

[답]

(2) 사전을 다시 펼쳤더니 50쪽, 51쪽이었습니다. 두 쪽수의 합은 얼마입니까?

[답]

(3) 사전을 다시 펼쳤더니 52쪽, 53쪽이었습니다. 두 쪽수의 합은 얼마입니까?

[답]

(4) 유준이가 펼친 사전은 몇 쪽과 몇 쪽입니까?

[답]

**2** 표를 만들어 문제를 풀어 보시오.

(1) 표를 완성하시오.

| 왼쪽 면(쪽) | 46 | 48 | 50 | 52 | 54 |
|---|---|---|---|---|---|
| 오른쪽 면(쪽) |  |  |  |  |  |
| 펼친 두 쪽수의 합 |  |  |  |  |  |

(2) 유준이가 펼친 사전은 몇 쪽과 몇 쪽입니까?

[답]

확인 학습

🐸 농장에 오리와 돼지가 모두 115마리 있습니다. 오리는 돼지의 수의 4배입니다. 오리와 돼지는 각각 몇 마리인지 알아보려고 합니다. 물음에 답하시오. [3~4]

**3** 그림을 그려 문제를 풀어 보시오.

(1) ☐ 안에 알맞은 말을 써넣으시오.

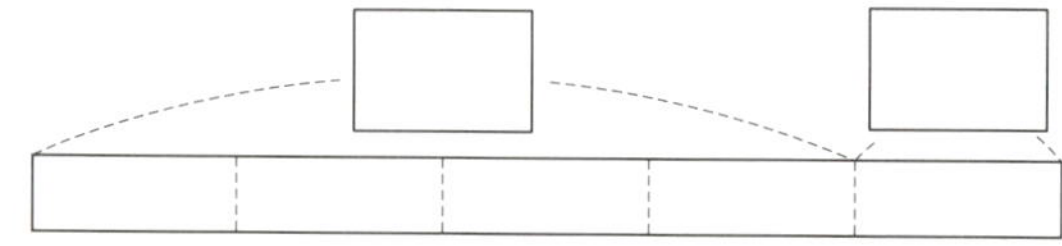

(2) 전체를 5등분한 것 중의 하나는 몇 마리입니까?

[답]

(3) 돼지는 몇 마리입니까?

[답]

(4) 오리는 몇 마리입니까?

[답]

**4** 식을 만들어 문제를 풀어 보시오.

(1) 돼지의 수를 ● 마리라 할 때 오리의 수를 ●을 사용하여 나타내시오.

[답]

(2) 식을 세워 돼지의 수를 구하시오.

(오리 수)＋(돼지 수)＝115, ●×☐＋●＝115, ●×☐＝115,

●＝☐ (마리)

(3) 오리의 수를 구하시오.

[답]

확인 학습

🐸 어느 전시회의 입장료가 어른은 6000원, 어린이는 3500원입니다. 경민이네 학교 선생님과 학생들 21명이 입장료로 83500원을 냈습니다. 전시회에 입장한 어른과 어린이는 각각 몇 명인지 알아보려고 합니다. 물음에 답하시오. [5~6]

**5** 예상하고 확인하며 문제를 풀어 보시오.

(1) 어른은 5명, 어린이는 16명이라고 예상하면 입장료는 얼마입니까?

[답]

(2) 알맞은 말에 ◯표 하시오.

> (1)에서 예상한 입장료는 83500원보다 (적으므로, 많으므로)
> (어른, 어린이) 수를 늘려서 예상합니다.

(3) 어른은 4명, 어린이는 17명이라고 예상하면 입장료는 얼마입니까?

[답]

(4) 전시회에 입장한 어른과 어린이는 각각 몇 명인지 차례로 구하시오.

[답]

**6** 표를 만들어 문제를 풀어 보시오.

(1) 표를 완성하시오.

| 어른 수(명) | 2 | 3 | 4 | 5 |
|---|---|---|---|---|
| 어린이 수(명) | | | | |
| 입장료(원) | | | | |

(2) 전시회에 입장한 어른과 어린이는 각각 몇 명인지 차례로 구하시오.

[답]

확인 학습

그림과 같이 규칙적으로 점이 있습니다. 6번째에는 점이 몇 개 있는지 알아보려고 합니다. 물음에 답하시오. [7~8]

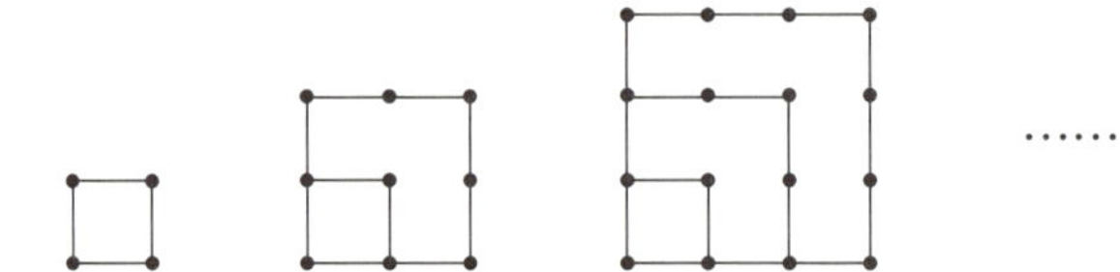

**7** 실제로 해 보면서 문제를 풀어 보시오.

(1) 5번째에 놓일 점과 6번째에 놓일 점을 차례로 그려 보시오.

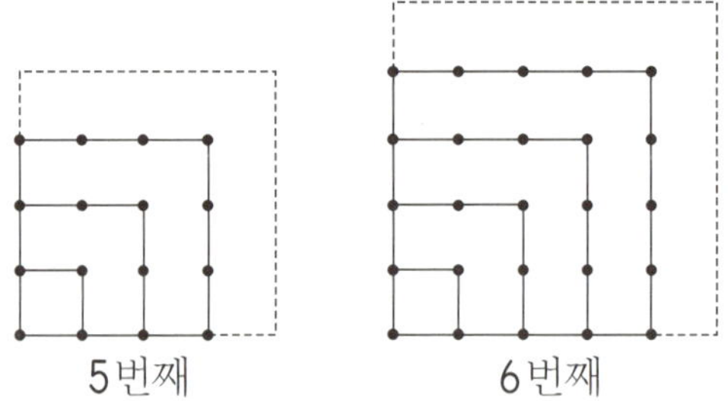

5번째      6번째

(2) 6번째에는 점이 몇 개 있습니까?

[답]

**8** 규칙을 찾아 문제를 풀어 보시오.

(1) 점이 놓인 규칙을 쓰시오.

[답]

(2) 6번째에는 점이 몇 개 있습니까?

[답]

 확인 학습

확인 학습

한 변이 63cm인 정사각형이 있습니다. 이 정사각형을 잘라 가로와 세로의 비가 9 : 7인 가장 큰 직사각형을 만들려면 가로와 세로는 각각 몇 cm로 해야 하는지 알아보려고 합니다. 물음에 답하시오. [9~10]

**9** 그림을 그려 문제를 풀어 보시오.

[답]

**10** 식을 만들어 문제를 풀어 보시오.

[답]

확인 학습

그림과 같이 식탁을 나란히 붙여서 26명이 앉으려면 식탁은 몇 개 필요한지 알아
보려고 합니다. 물음에 답하시오. [11~12]

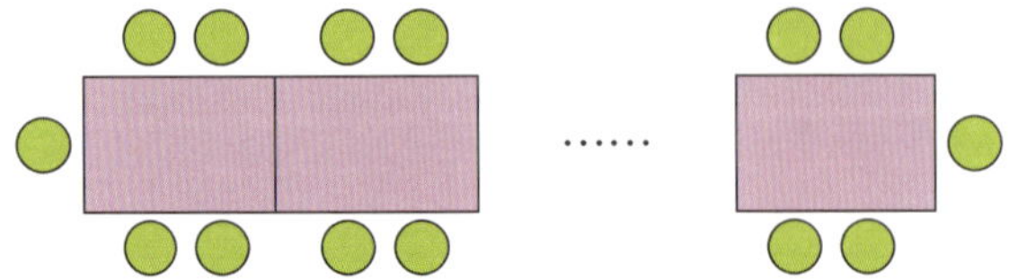

**11** 예상하고 확인하며 문제를 풀어 보시오.

[답]

**12** 표를 만들어 문제를 풀어 보시오.

[답]

 확인 학습

◆ **문제 해결 방법 찾기(2)** ◆

선생님께서 초콜릿 32개를 6모둠의 학생들에게 한 개씩 모두 나누어 주었습니다. 한 모둠에 5명인 모둠도 있고, 6명인 모둠도 있습니다. 5명인 모둠과 6명인 모둠은 각각 몇 모둠인지 알아보려고 합니다. 물음에 답하시오. [1~2]

**1** 실제로 해 보면서 문제를 풀어 보시오.

[답]

**2** 표를 만들어 문제를 풀어 보시오.

[답]

확인 학습

정석이가 가지고 있는 붙임 딱지는 72개이고, 은미가 가지고 있는 붙임 딱지는 정석이가 가지고 있는 붙임 딱지의 $\frac{5}{8}$ 이고, 준영이가 가지고 있는 붙임 딱지는 은미가 가지고 있는 붙임 딱지의 $\frac{3}{5}$ 입니다. 준영이가 가지고 있는 붙임 딱지는 몇 개인지 알아보려고 합니다. 물음에 답하시오. [3~4]

**3** 그림을 그려 문제를 풀어 보시오.

[답]

**4** 식을 만들어 문제를 풀어 보시오.

[답]

 확인 학습

병택, 지희, 명규, 인영이는 혈액형이 서로 다릅니다. 병택이는 A형이고 지희는 O형이 아닙니다. 명규는 B형입니다. 지희와 인영이의 혈액형은 각각 무엇인지 알아보려고 합니다. 물음에 답하시오. [5~6]

**5** 예상하고 확인하며 문제를 풀어 보시오.

[답] ______________________________

**6** 표를 만들어 문제를 풀어 보시오.

[답] ______________________________

그림과 같이 성냥개비를 늘어놓아 정육각형 7개를 만들려고 합니다. 성냥개비는 모두 몇 개 필요한지 알아보려고 합니다. 물음에 답하시오. [7~8]

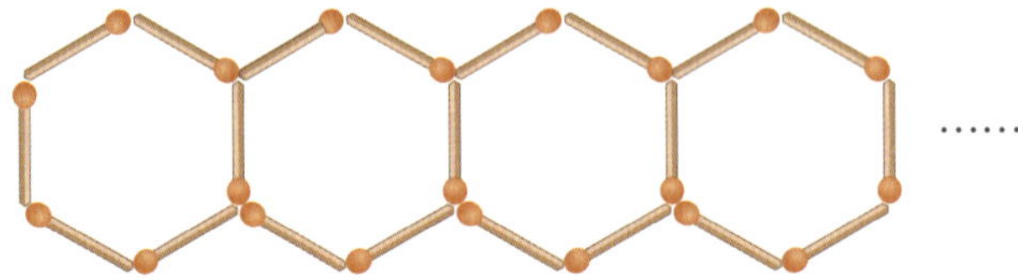

**7** 실제로 해 보면서 문제를 풀어 보시오.

[답]

**8** 규칙을 찾아 문제를 풀어 보시오.

[답]

확인 학습

확인 학습

🐸 그림과 같이 쌓기나무를 쌓았습니다. 이와 같은 방법으로 쌓기나무를 쌓는다면 8번째에는 쌓기나무가 몇 개 필요한지 알아보려고 합니다. 물음에 답하시오. [9~10]

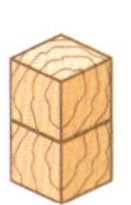  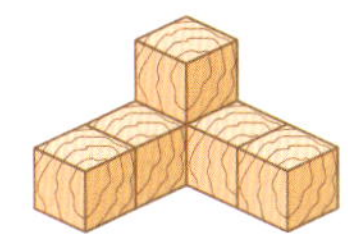 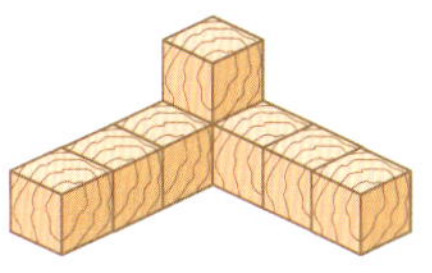 ……

**9** 실제로 해 보면서 문제를 풀어 보시오.

[답]

**10** 규칙을 찾아 문제를 풀어 보시오.

[답]

**11** 올해 진우는 12살, 형은 15살, 동생은 10살이고, 어머니는 43살입니다. 진우, 형, 동생의 나이의 합과 어머니의 나이가 같아지는 때는 올해부터 몇 년 후입니까?

[답] ________________

**12** 채경이는 떡 27개를 오빠와 나누어 먹으려고 합니다. 채경이가 오빠보다 3개 더 많이 먹으려면 채경이는 몇 개를 먹게 됩니까?

[답] ________________

**13** 인수는 한 변이 2cm인 정오각형과 정육각형을 합하여 11개 그렸습니다. 인수가 그린 정오각형과 정육각형의 각각의 둘레의 합은 118cm입니다. 인수는 정오각형과 정육각형을 각각 몇 개 그렸는지 차례로 구하시오.

[답] ________________

확인 학습

##  창의력 학습

학교에서 신체검사를 했습니다. 우진이의 키는 151cm, 몸무게는 50kg이고, 형욱이의 키는 140cm, 몸무게는 44kg입니다. 다음 표를 보고 우진이와 형욱이 중 비만인 사람을 구하시오.

- 표준 체중: (키－100)×0.9
- 비만 체중: 표준 체중의 120% 이상

[답]

가로줄과 세로줄 4개로 이루어진 큰 상자가 있습니다. 다음을 보고 빈칸에 알맞은 숫자를 써넣으시오.

> - 상자의 가로줄과 세로줄 각각에 I부터 4까지의 숫자가 각각 한 번씩 들어가야 합니다.
> - 가로줄과 세로줄 2개로 이루어진 작은 상자에도 I부터 4까지의 숫자가 한 번씩 들어가야 합니다.

| 3 |   |   |   |
|---|---|---|---|
|   | I | 3 |   |
| 2 |   |   |   |
| I |   |   | 4 |

✿ 이름 :

✿ 날짜 :

✿ 시간 :　시　분～　시　분

확인

#  경시대회 예상문제

**1** 정오각형의 둘레에 대한 정육각형의 둘레의 비를 구하시오.

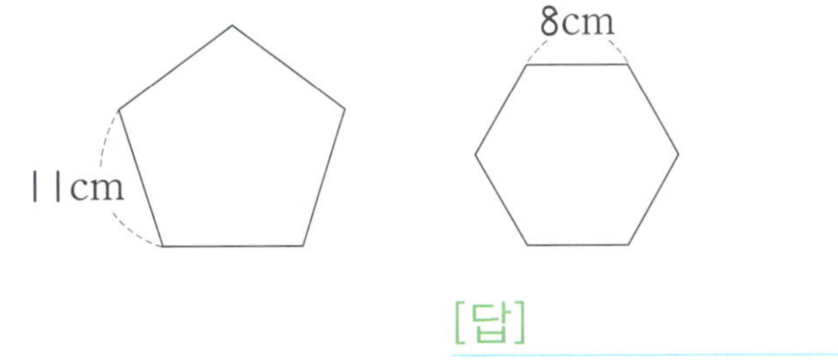


[답]

**2** 윤주네 오빠는 경쟁률이 20 : 1인 회사에 합격하였습니다. 이 회사의 채용 인원이 35명일 때, 지원한 사람은 모두 몇 명입니까?

[답]

**3** 어느 선물가게에서 판매하는 인형 한 개의 값은 13000원입니다. 인형 한 개 당 판매 이익이 판매 가격의 14%라고 할 때, 인형 8개를 판다면 선물가게에 생기는 이익금은 얼마입니까?

[답]

**4** 어느 백화점에서 세일 기간 동안 판매하는 품목의 정가와 판매 가격을 나타낸 표입니다. 할인율이 가장 높은 품목은 어느 것입니까?

| 품목 | 정가 | 판매 가격 |
|---|---|---|
| 구두 | 85000원 | 68000원 |
| 치마 | 54000원 | 45900원 |
| 가방 | 118000원 | 88500원 |

[답]



**5** 오른쪽 평행사변형에서 밑변에 대한 높이의 비율을 할푼리로 나타내는 풀이 과정을 쓰고 답을 구하시오.



[답]

**6** 용준, 윤정, 희진이가 접은 종이학은 모두 360개입니다. 전체 종이학의 60%를 용준이가 접고, 나머지의 3할7푼5리는 윤정이가 접고, 나머지는 희진이가 접었습니다. 전체 종이학 수에 대한 희진이가 접은 종이학 수의 비율을 소수로 나타내시오.

[답]

**7** 숫자 카드를 한 번씩만 사용하여 5의 배수인 세 자리 수를 만들려고 합니다. 만들 수 있는 경우는 모두 몇 가지입니까?

[답]

**8** 석진이는 11월 1일부터 매일 줄넘기를 하였습니다. 11월 1일에 50회를 넘고, 매일 10회씩 늘려서 줄넘기를 하였습니다. 석진이가 11월 15일까지 줄넘기를 하였다면 모두 몇 회를 넘었습니까?

[답]

**9** 인경이는 가지고 있던 떡의 $\frac{2}{5}$를 먹고, 나머지의 $\frac{5}{6}$를 친구에게 주었더니 200g이 남았습니다. 인경이가 처음에 가지고 있던 떡은 몇 kg입니까?

[답]

경시대회 예상문제 

**10** 우정이는 2점짜리 문제와 3점짜리 문제, 4점짜리 문제가 함께 있는 영어 시험에서 24개를 맞혀서 65점을 받았습니다. 우정이가 2점짜리를 맞힌 문제 수는 3점짜리와 4점짜리를 맞힌 문제 수의 합과 같을 때, 2점짜리 문제, 3점짜리 문제, 4점짜리 문제를 각각 몇 개 맞혔는지 차례로 구하시오.

[답]

**11** 연속된 두 자리 수의 세 자연수가 있습니다. 이 세 자연수의 곱이 32736일 때, 세 자연수를 구하시오.

[답]



**12** 그림과 같이 바둑돌이 놓여 있습니다. 이와 같은 방법으로 바둑돌을 놓는다면 9번째에는 무슨 색 바둑돌이 몇 개 더 많은지 구하는 풀이 과정을 쓰고 답을 구하시오.

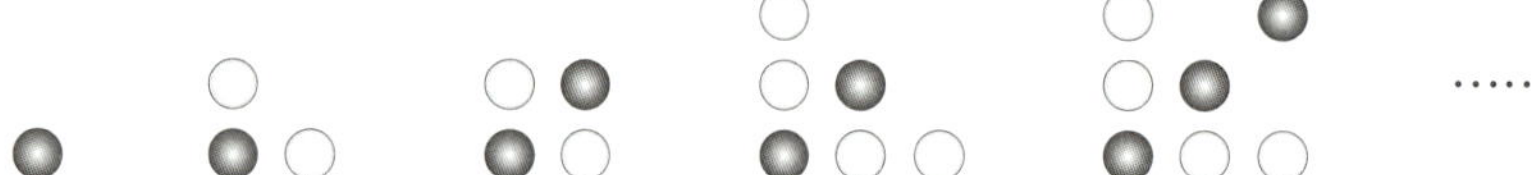

[답]

## 학습 관리표

| 학습 내용 | | 이번 주는? |
|---|---|---|
| **확인 학습** | · 분수와 소수 / · 분수의 나눗셈<br>· 도형의 대칭 / · 소수의 곱셈<br>· 소수의 나눗셈 / · 자료의 표현과 해석<br>· 비와 비율 / · 문제 해결 방법 찾기<br>· 창의력 학습<br>· 경시대회 예상문제<br>· 종료 테스트 | • 학습 방법 : ① 매일매일　② 가끔　③ 한꺼번에<br>　하였습니다.<br>• 학습 태도 : ① 스스로 잘　② 시켜서 억지로<br>　하였습니다.<br>• 학습 흥미 : ① 재미있게　② 싫증내며<br>　하였습니다.<br>• 교재 내용 : ① 적합하다고　② 어렵다고　③ 쉽다고<br>　하였습니다. |

| 지도 교사가 부모님께 | 부모님이 지도 교사께 |
|---|---|
| | |

| 평가 | Ⓐ 아주 잘함　　Ⓑ 잘함　　Ⓒ 보통　　Ⓓ 부족함 |
|---|---|

원(교)　　　　반　이름　　　　전화

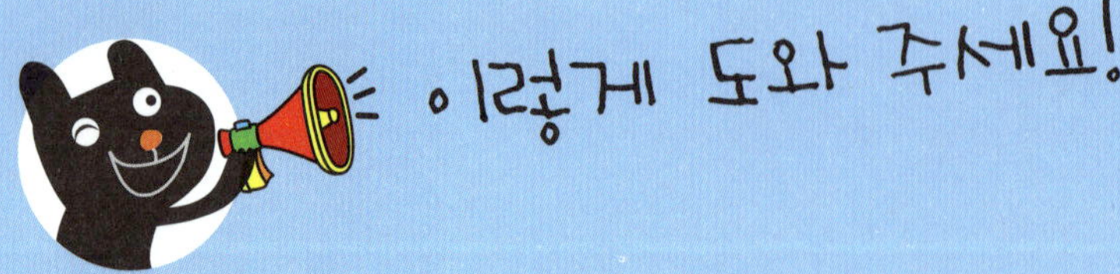


## ● 학습 목표
– 분수를 소수로, 소수를 분수로 나타낼 수 있습니다.
– (자연수)÷(자연수), (분수)÷(자연수)의 계산 원리를 이해하고 계산할 수 있습니다.
– 선대칭도형과 점대칭도형, 선대칭의 위치에 있는 도형, 점대칭의 위치에 있는 도형의 개념을 알고 대칭축과 대칭의 중심을 찾을 수 있습니다.
– (소수)×(자연수), (자연수)×(소수), (소수)×(소수)의 계산 원리를 이해하고 계산할 수 있습니다.
– (소수)÷(자연수), (자연수)÷(자연수)의 계산 원리를 이해하고 계산할 수 있습니다.
– 줄기와 잎 그림, 그림그래프를 이해하고 그릴 수 있고, 평균이 이용되는 여러 가지 문제를 해결할 수 있습니다.
– 여러 가지 비율을 분수, 소수, 백분율, 할푼리로 나타낼 수 있습니다.
– 여러 가지 문제 해결 방법으로 문제를 해결할 수 있습니다.

## ● 지도 내용
– 분수를 소수로, 소수를 분수로 나타내게 합니다.
– (자연수)÷(자연수), (분수)÷(자연수)의 계산 원리를 이해하고 계산하게 합니다.
– 선대칭도형과 대칭축의 뜻을 알고 선대칭의 위치에 있는 도형과 비교하여 이해하게 하고, 점대칭도형과 대칭의 중심의 뜻을 알고 점대칭도형의 위치에 있는 도형과 비교하여 이해하게 합니다.
– (소수)×(자연수), (자연수)×(소수), (소수)×(소수)의 계산 원리를 이해하고 계산하게 합니다.
– (소수)÷(자연수), (자연수)÷(자연수)의 계산 원리를 이해하고 계산하게 합니다.
– 줄기와 잎 그림, 그림그래프를 이해하고 통계적 사실을 알게 하고, 주어진 자료에서 평균을 구하게 합니다.
– 비율, 백분율, 할푼리를 이해하고 비율을 분수, 소수, 백분율, 할푼리로 나타내게 합니다.
– 여러 가지 문제 해결 방법으로 문제를 해결하게 합니다.

## ● 지도 요점
앞에서 학습한 분수와 소수, 분수의 나눗셈, 도형의 대칭, 소수의 곱셈, 소수의 나눗셈, 자료의 표현과 해석, 비와 비율, 문제 해결 방법 찾기를 확인 학습하는 주입니다. 여러 유형의 문제를 접해 보게 함으로써 아이가 학습한 지식을 잘 응용할 수 있도록 지도해 주십시오. 그리고 종료 테스트를 이용하여 주어진 시간 내에 주어진 문제를 푸는 연습을 하도록 지도해 주십시오.

◆ **분수와 소수** ◆

**1** 오른쪽 모눈종이의 전체 크기를 1이라고 할 때 색칠한
부분을 각각 분수와 소수로 차례로 나타내시오.

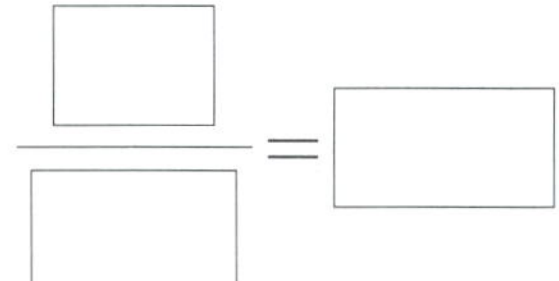

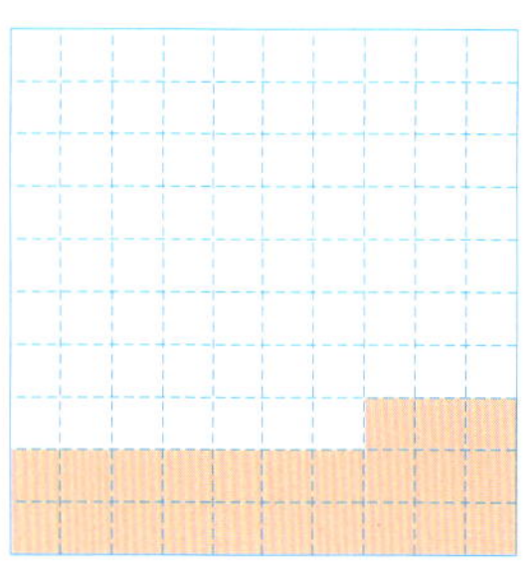

**2** 분수와 소수를 규칙에 따라 늘어놓았습니다. □ 안에 알맞은 수를 써넣으시오.

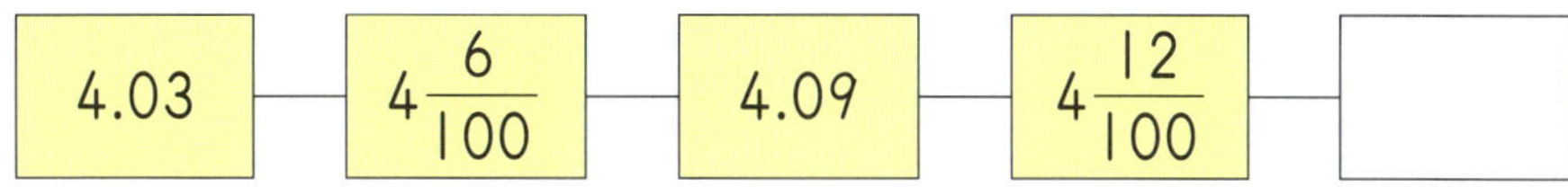


**3** 분수를 소수로, 소수를 분수로 잘못 나타낸 것을 찾아 기호를 쓰시오.

$$ \text{㉠ } \frac{7}{20} = 0.35 \qquad\qquad \text{㉡ } 0.44 = \frac{11}{25} $$

$$ \text{㉢ } 0.32 = \frac{19}{50} \qquad\qquad \text{㉣ } \frac{5}{8} = 0.625 $$

[답]

**4** 다음 3장의 숫자 카드를 한 번씩 사용하여 만들 수 있는 가장 작은 대분수를 소수로 나타내시오.

[답]

**5** 색 테이프가 4m 있습니다. 그중 $\dfrac{17}{25}$m를 사용하였습니다. 사용하고 남은 색 테이프는 몇 m인지 소수로 나타내시오.

[답]

**6** 다음 조건을 만족하는 분수를 구하시오.

- 소수 8.528과 크기가 같습니다.
- 기약분수입니다.

[답]

**7** 찰흙을 현준이는 3kg의 $\dfrac{3}{8}$을 사용했고, 유리는 1.2kg 사용했습니다. 찰흙을 누가 더 많이 사용했습니까?

[답]

 확인 학습

### ◆ 분수의 나눗셈 ◆

**1** □ 안에 알맞은 수를 써넣으시오.

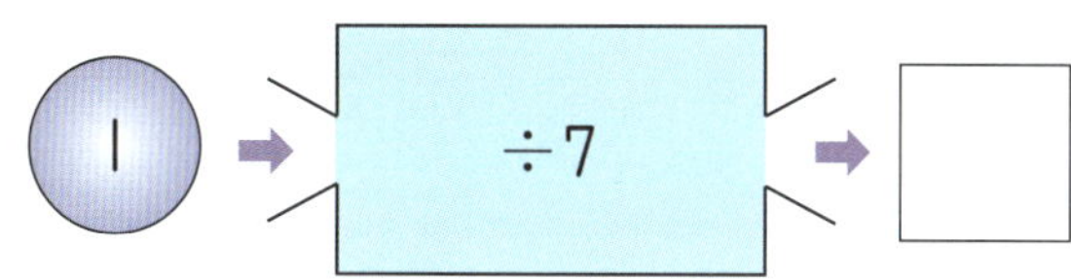


**2** 나눗셈의 몫의 크기를 비교하여 ○ 안에 >, =, <를 알맞게 써넣으시오.

$$1 \div 9 \bigcirc 1 \div 6$$

**3** 나눗셈의 몫을 분수로 잘못 나타낸 것을 찾아 기호를 쓰시오.

$$㉠\ 2 \div 3 = \frac{2}{3} \qquad ㉡\ 4 \div 7 = \frac{4}{7}$$

$$㉢\ 5 \div 11 = \frac{5}{11} \qquad ㉣\ 10 \div 23 = 2\frac{3}{10}$$

[답]

확인 학습

**4** 8L의 물을 17개의 병에 똑같이 나누어 담으려고 합니다. 한 병에 몇 L의 물을 담을 수 있는지 분수로 나타내시오.

[식]　　　　　　　　　　　　　　　　[답]

**5** 나눗셈의 몫이 가장 큰 것을 찾아 기호를 쓰시오.

$$\text{㉠}\ \frac{2}{9}\div10 \qquad \text{㉡}\ \frac{4}{7}\div6 \qquad \text{㉢}\ \frac{12}{19}\div3$$

[답]

**6** 어떤 수에 21을 곱하였더니 $\frac{14}{29}$가 되었습니다. 어떤 수는 얼마입니까?

[답]

**7** ㉠ㅡ㉡을 구하시오.

$$\text{㉠}\ \frac{9}{5}\div6 \qquad \text{㉡}\ \frac{13}{8}\div26$$

[답]

 확인 학습

**8** 몫이 1보다 작은 것을 찾아 기호를 쓰시오.

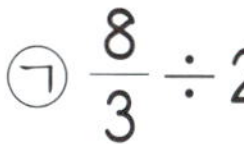

$$\bigcirc \ \frac{8}{3} \div 2 \qquad\qquad \bigcirc \ \frac{20}{9} \div 2$$

$$\bigcirc \ \frac{23}{14} \div 3 \qquad\qquad \textcircled{ㄹ} \ \frac{51}{16} \div 3$$

[답]

**9** $\frac{25}{12}$ m인 끈으로 가장 큰 정오각형 한 개를 만들었습니다. 정오각형의 한 변은 몇 m입니까?

[식]　　　　　　　　　　　　　　[답]

**10** □ 안에 알맞은 분수를 써넣으시오.

$$11 \times \boxed{\phantom{00}} = 9\frac{1}{6}$$

**11** 넓이가 $3\frac{5}{13}$ cm²인 도형을 똑같이 몇 등분한 것입니다. 색칠한 부분의 넓이는 몇 cm²입니까?

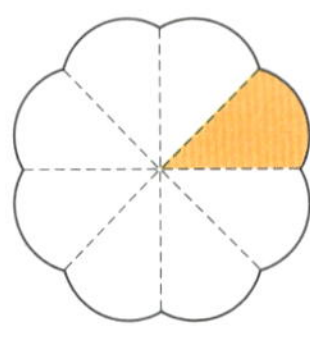

[식]　　　　　　　　　　　　　　　[답]

**12** 계산 결과가 더 큰 것의 기호를 쓰시오.

$$\text{㉠ } 2\frac{5}{12} \times 4 \div 5 \qquad \text{㉡ } 4\frac{2}{7} \div 5 \div 7$$

[답]

**13** 13분에 $22\frac{3}{4}$ km를 달리는 자동차가 있습니다. 이 자동차가 같은 빠르기로 15분 동안 달린다면 몇 km를 갈 수 있습니까?

[식]　　　　　　　　　　　　　　　[답]

확인 학습

🌸 이름 :

🌸 날짜 :

🌸 시간 :　시　분 ～　시　분

확인

## ◆ 도형의 대칭 ◆

**1** 대칭축이 가장 많은 선대칭도형을 찾아 쓰시오.

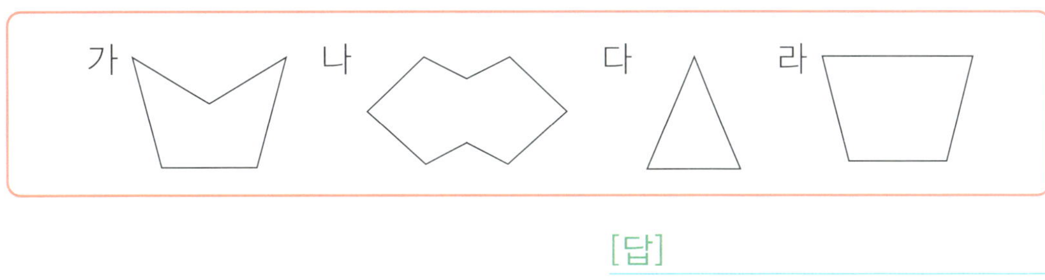



[답]

**2** 오른쪽은 직선 ㄱㄴ을 대칭축으로 하는 선대칭
도형입니다. ☐ 안에 알맞은 수를 써넣으시오.

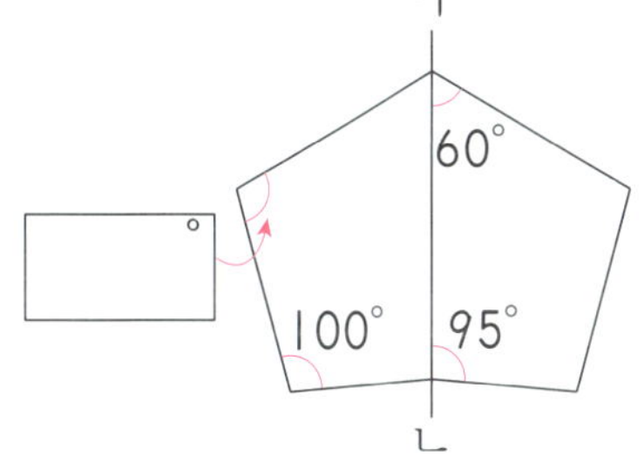



**3** 직선 ㄱㄴ을 대칭축으로 하는 선대칭도형을 완성했을 때, 완성한 도형의 넓
이는 몇 cm²입니까?

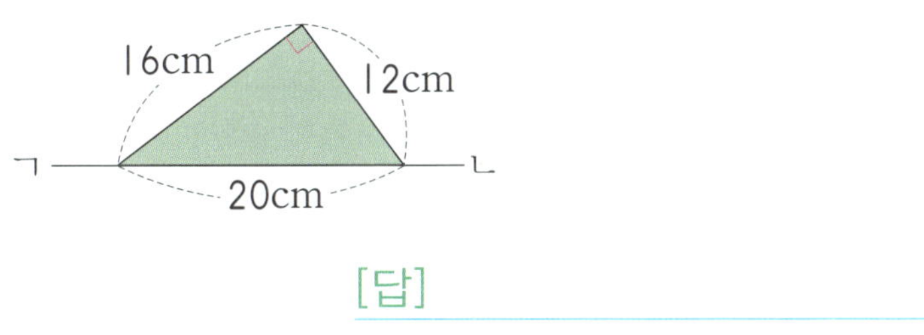



[답]

**4** 두 도형이 선대칭의 위치에 있는 도형이 되도록 대칭축을 그려 보시오.

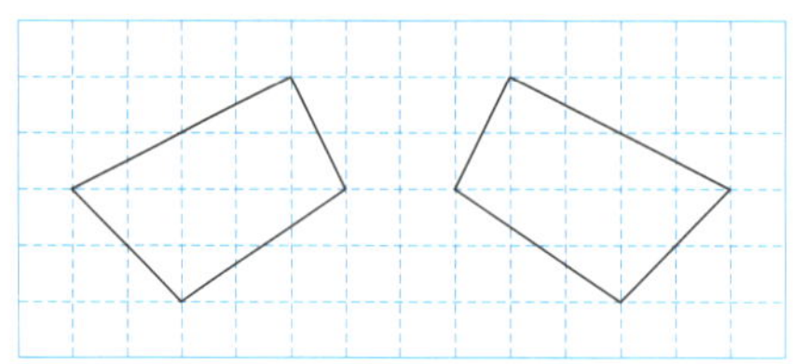

**5** 다음은 직선 ㅅㅇ을 대칭축으로 하는 선대칭의 위치에 있는 도형입니다. 삼각형 ㄹㅁㅂ의 둘레는 몇 cm입니까?

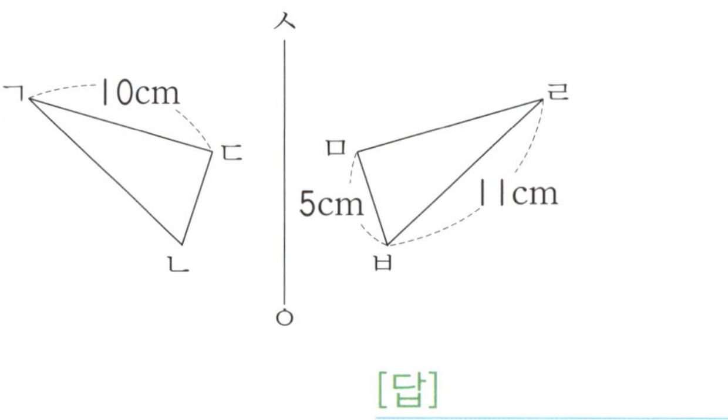


[답]

**6** 선대칭의 위치에 있는 도형을 그려 보시오.

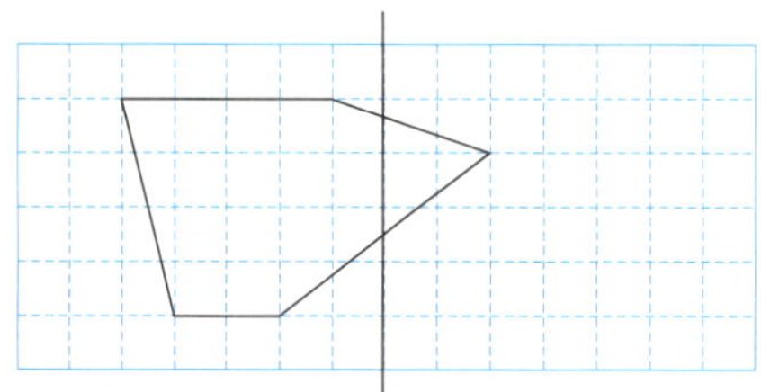

확인 학습

**7** 다음에서 점대칭도형에 ◯표 하고, 대칭의 중심을 찾아 표시하시오.

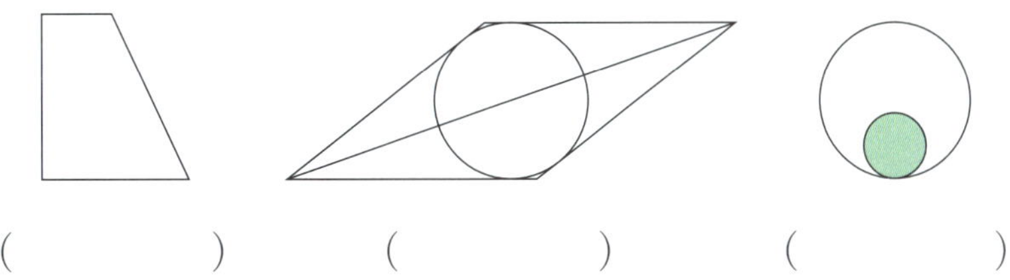

(      )      (      )      (      )

**8** 오른쪽은 점 ㅅ을 대칭의 중심으로 하는 점대칭도형입니다. 각 ㄹㅁㅂ은 몇 도입니까?

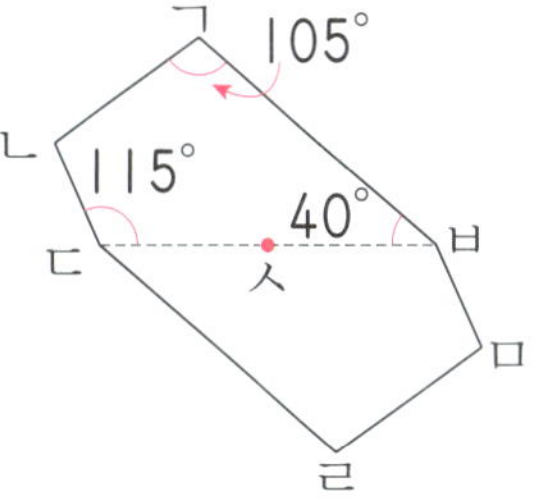


[답]

**9** 오른쪽은 점 ㅇ을 대칭의 중심으로 하는 점대칭도형입니다. 점대칭도형의 둘레는 몇 cm입니까?

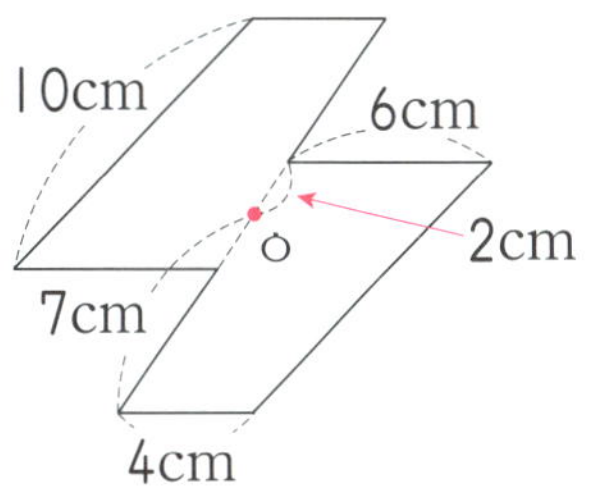


[답]

**10** 두 도형이 점대칭의 위치에 있는 도형이 되도록 대칭의 중심을 찾아보시오.

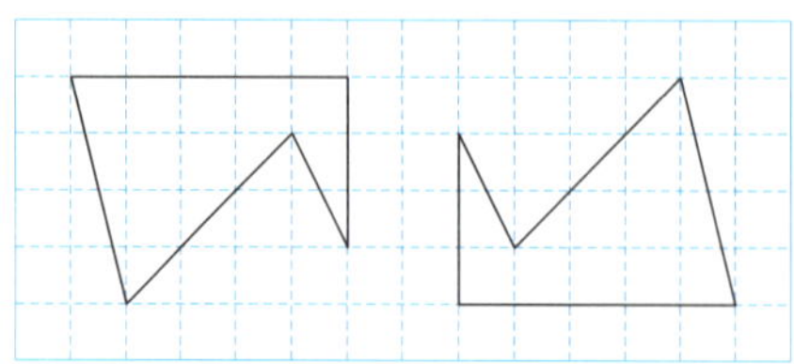

**11** 다음은 점 ㅈ을 대칭의 중심으로 하는 점대칭의 위치에 있는 도형입니다. 각 ㄴㄷㄹ은 몇 도입니까?

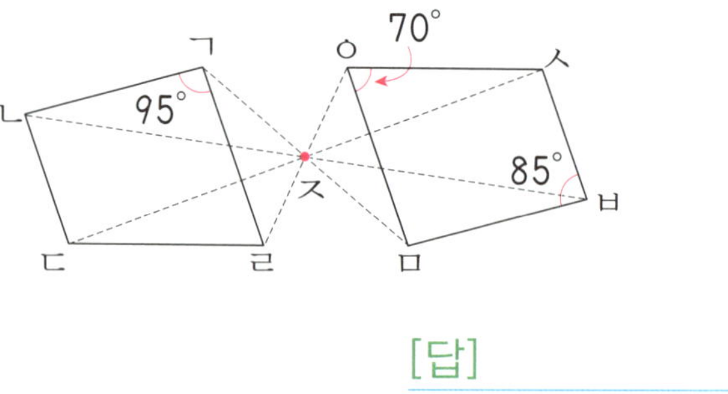


[답]

**12** 다음은 점 ㅅ을 대칭의 중심으로 하는 점대칭의 위치에 있는 도형입니다. 삼각형 ㄹㅂㅅ의 둘레는 몇 cm입니까?

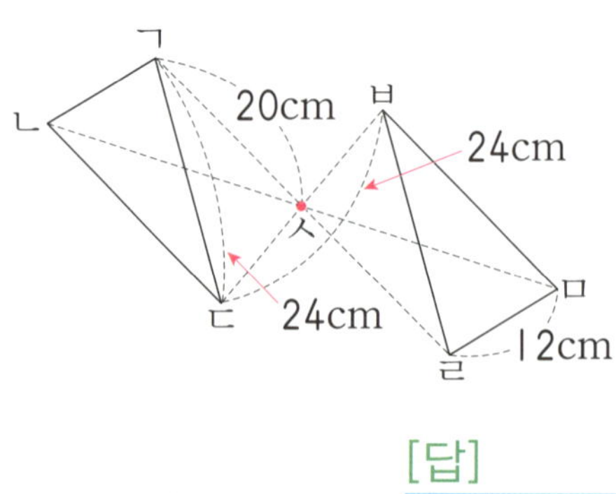


[답]

## ◆ 소수의 곱셈 ◆

**1** 빈칸에 알맞은 수를 써넣으시오.

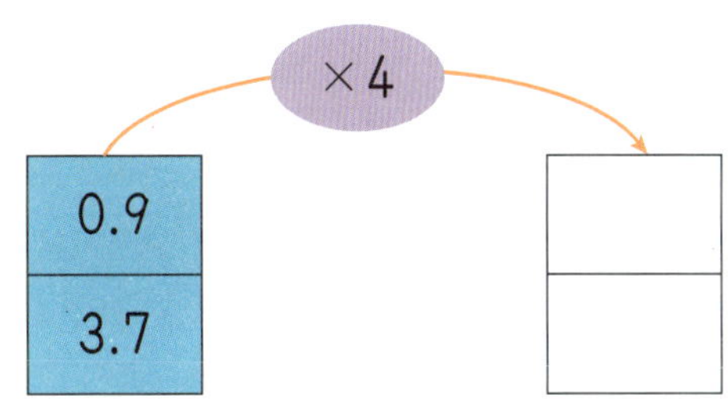


**2** 곱이 작은 것부터 차례로 기호를 쓰시오.

> ㉠ 4.1 × 6     ㉡ 2.24 × 9
> ㉢ 5.2 × 7     ㉣ 9.17 × 2

[답]

**3** ㉠ − ㉡을 구하시오.

> ㉠ 8.5 × 3     ㉡ 27 × 0.83

[답]

**4** I시간에 93km를 달리는 자동차가 있습니다. 이 자동차가 같은 빠르기로 0.55시간 동안 달리면 몇 km를 갈 수 있습니까?

[식]　　　　　　　　　　　　　　　　　[답]

**5** 계산 결과가 다른 하나를 찾아 기호를 쓰시오.

> ㉠ $0.72 \times 36$　　　㉡ $7.2 \times 36$
> ㉢ $72 \times 0.36$　　　㉣ $0.036 \times 720$

[답]

**6** $28 \times 65 = 1820$을 이용하여 ㉠은 ㉡의 몇 배인지 구하시오.

> ㉠ $280 \times 0.65$　　　㉡ $2.8 \times 650$

[답]

**7** □ 안에 알맞은 수를 써넣으시오.

$$45 \times 0.41 = 0.45 \times \boxed{\phantom{00}}$$

확인 학습

**8** 곱의 소수점의 위치를 나타낸 것 중 옳은 것을 찾아 기호를 쓰시오.

> ㉠ $0.0381 \times 1000 = 381$  ㉡ $3.81 \times 100 = 38.1$
> ㉢ $3810 \times 0.01 = 3.81$  ㉣ $381 \times 0.1 = 38.1$

[답]

**9** 어떤 수에 0.01을 곱했더니 8.25가 되었습니다. 어떤 수는 얼마입니까?

[답]

**10** 가장 큰 수와 가장 작은 수의 곱을 구하시오.

> $0.81$  $0.92$  $0.57$  $0.7$  $0.33$

[답]

**11** 1에서 9까지의 숫자 중에서 □ 안에 들어갈 수 있는 자연수는 모두 몇 개입니까?

> $0.9 \times 0.036 < 0.03\square4$

[답]

**12** □ 안에 알맞은 수를 써넣으시오.

$$\boxed{\phantom{XXX}} \div 5.2 = 2.79$$

**13** 영민이의 몸무게는 41.5kg입니다. 아버지의 몸무게는 영민이의 몸무게의 1.8배입니다. 아버지의 몸무게는 몇 kg입니까?

[식]　　　　　　　　　　　　　　　　　　[답]

**14** 곱이 큰 것부터 차례로 기호를 쓰시오.

　㉠ 0.2 × 9.3 × 8.05　　㉡ 3.5 × 0.71 × 5.6　　㉢ 0.7 × 0.9 × 11.6

[답]

**15** 가로가 15.5cm, 세로가 11.6cm인 직사각형 모양의 도화지 4.5장을 모두 사용하여 겹치는 부분 없이 벽에 붙였습니다. 도화지를 붙인 벽의 넓이는 몇 cm²입니까?

[식]　　　　　　　　　　　　　　　　　　[답]

확인 학습

✿ 이름 :

✿ 날짜 :

✿ 시간 :　　시　　분 ~ 　　시　　분

◆ **소수의 나눗셈** ◆

**1** 빈칸에 알맞은 수를 써넣으시오.

$$\div$$

| 79.2 | 8 | |
| 14.82 | 6 | |

**2** 몫의 크기를 비교하여 ○ 안에 >, =, <를 알맞게 써넣으시오.

$$119.2 \div 4 \quad \bigcirc \quad 312.84 \div 11$$

**3** 어떤 수를 9로 나누어야 할 것을 잘못하여 곱하였더니 487.8이 되었습니다. 어떤 수를 구하시오.

[답]

**4** 몫이 가장 큰 것을 찾아 기호를 쓰시오.

| ㉠ 5.64 ÷ 3 | ㉡ 24.78 ÷ 7 |
| ㉢ 25.61 ÷ 13 | ㉣ 140.8 ÷ 22 |

[답]

**5** 똑같은 연필 한 타의 무게는 80.64g입니다. 연필 한 자루의 무게는 몇 g입니까?

[식]　　　　　　　　　　　　　　　[답]

**6** ㉠＋㉡을 구하시오.

㉠ 4.68÷12　　　㉡ 4.2÷6

[답]

**7** 어떤 수의 16배는 13.44입니다. 어떤 수를 구하시오.

[답]

**8** 14일에 5.6분씩 느려지는 시계가 있습니다. 이 시계가 매일 같은 빠르기로 느려진다면 하루에 몇 분씩 느려지는 것입니까?

[식]　　　　　　　　　　　　　　　[답]

 확인 학습

**9** 빈칸에 알맞은 수를 써넣으시오.

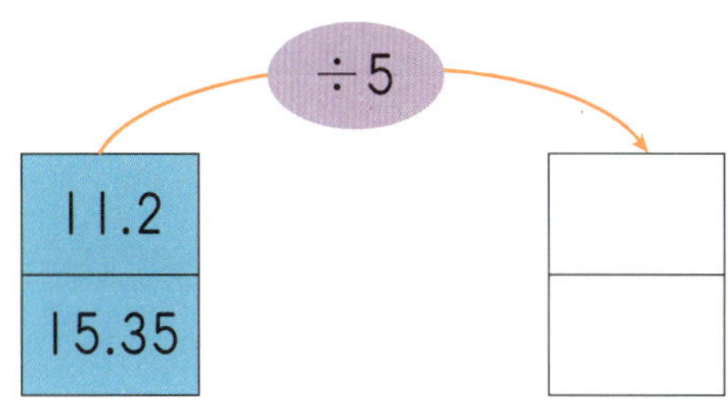


**10** 도형을 똑같이 몇 등분한 것입니다. 주어진 전체 도형의 넓이를 이용하여 색칠된 부분의 넓이를 구하시오.

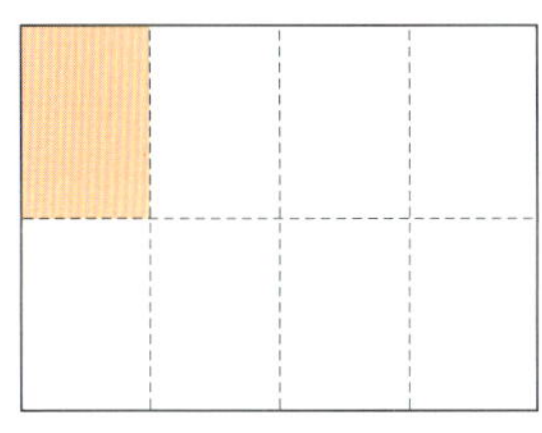

전체 넓이: 169.2cm²

[답]

**11** 148.4를 어떤 수로 나누었더니 몫이 8이고 나머지가 없었습니다. 어떤 수는 얼마입니까?

[답]

**12** 어느 것의 계산 결과가 얼마나 더 큰지 구하시오.

> ㉠ 56.35÷7    ㉡ 81.2÷8

[답]

**13** □ 안에 들어갈 수 있는 자연수는 모두 몇 개입니까?

> 165.6÷15<□<135.72÷9

[답]

**14** 나누어떨어지지 않아서 간단한 소수로 나타낼 수 없는 나눗셈을 찾아 기호를 쓰시오.

> ㉠ 27÷50    ㉡ 13÷20
> ㉢ 14÷8    ㉣ 11÷15

[답]

**15** 물 94L를 6개의 그릇에 똑같이 나누어 담으려고 합니다. 한 개의 그릇에 물을 몇 L씩 담으면 되는지 반올림하여 소수 둘째 자리까지 나타내시오.

[답]

✿ 이름 :
✿ 날짜 :
✿ 시간 :  시  분 ~  시  분

확인 

## ◆ 자료의 표현과 해석 ◆

형우네 반 학생들의 몸무게를 조사하여 나타낸 것입니다. 물음에 답하시오. [1~2]

학생들의 몸무게 (단위: kg)

| 39 | 49 | 42 | 41 | 57 | 45 | 43 | 37 | 51 |
|----|----|----|----|----|----|----|----|----|
| 48 | 53 | 45 | 59 | 50 | 39 | 40 | 30 | 58 |

**1** 형우네 반 학생들의 몸무게를 보고 줄기와 잎 그림으로 나타내시오.

학생들의 몸무게  (3 | 9는 39kg)

| 줄기 | 잎 |
|----|----|
| 3 |  |
| 4 |  |
| 5 |  |

**2** 형우는 반에서 7번째로 무겁습니다. 형우의 몸무게는 몇 kg입니까?

[답]

**3** 마을별 호박 생산량을 조사하여 나타낸 그림그래프입니다. 호박을 가장 많이 생산한 마을과 가장 적게 생산한 마을의 생산량의 차는 몇 kg입니까?

마을별 호박 생산량

| 마을 | 생산량 | 마을 | 생산량 |
|----|----|----|----|
| 가 | 🎃 🎃 🎃 🎃 🎃 🎃 🎃 | 다 | 🎃 🎃 🎃 🎃 🎃 |
| 나 | 🎃 🎃 🎃 🎃 🎃 🎃 🎃 🎃 | 라 | 🎃 🎃 🎃 🎃 🎃 |

🎃 : 1000kg
🎃 : 100kg

[답]

확인 학습 

**4** 효주네 반 학생들의 TV 시청 시간을 조사하여 나타낸 줄기와 잎 그림입니다. 남학생과 여학생의 평균 TV 시청 시간의 차는 몇 분입니까?

TV 시청 시간      (5│5는 55분)

| 잎(남학생) | | | | 줄기 | 잎(여학생) | | |
|---|---|---|---|---|---|---|---|
| | | 3 | 5 | 5 | 2 | 9 | 3 |
| | | 7 | 4 | 6 | 5 | 7 | |
| 2 | 7 | 4 | 9 | 7 | 4 | 9 | 6 |

[답]

**5** 동호의 4회까지 영어 점수의 평균은 84점이고 5회까지 영어 점수의 평균은 86점입니다. 동호는 5회 영어 시험에서 몇 점을 받았습니까?

[답]

**6** 어느 마을의 오리 수를 조사하여 나타낸 표입니다. 마을별 오리 수를 반올림하여 백의 자리까지 나타내고 반올림하여 나타낸 수를 보고 그림그래프로 나타내시오.

마을별 오리 수      (단위: 마리)

| 마을 | 가 | 나 | 다 | 라 |
|---|---|---|---|---|
| 오리 수 | 4509 | 3151 | 1179 | 1994 |
| 반올림한 수 | | | | |

마을별 오리 수

| 마을 | 오리 수 | 마을 | 오리 수 |
|---|---|---|---|
| 가 | | 다 | |
| 나 | | 라 | |

◯ : 1000마리
● : 100마리

☀이름 :

☀날짜 :

☀시간 :　　시　　분 ~　　시　　분

확인

◆ **비와 비율** ◆

**1** □ 안에 알맞은 수가 큰 것부터 차례로 기호를 쓰시오.

> ㉠ 5의 21에 대한 비 ➡ □ : ★
> ㉡ 11에 대한 19의 비 ➡ ● : □
> ㉢ 6과 13의 비 ➡ ▲ : □

[답]

**2** 비율이 같은 것끼리 선으로 이으시오.

| 6과 15의 비 | · | · $\dfrac{19}{25}$ · | · 0.275 |

| 11 : 40 | · | · $\dfrac{6}{15}$ · | · 0.4 |

| 25에 대한 19의 비 | · | · $\dfrac{11}{40}$ · | · 0.76 |

**3** 설탕물 400g에 설탕이 96g 녹아 있습니다. 설탕물에 대한 설탕의 비율을 소수로 나타내시오.

[답]

확인 학습

**4** 비율이 가장 작은 것을 찾아 기호를 쓰시오.

| ㉠ 0.74 | ㉡ 10할5푼 |
|---|---|
| ㉢ $\dfrac{33}{50}$ | ㉣ 67% |

[답]

**5** 빈칸에 알맞게 써넣으시오.

| 비＼비율 | 분수 | 소수 | 백분율 | 할푼리 |
|---|---|---|---|---|
| 7 : 8 | | | | |
| 23 : 20 | | | | |

**6** 성주는 5500원짜리 컵을 5060원에 샀습니다. 성주는 컵을 몇 % 할인된 가격으로 샀습니까?

[답]

**7** 어느 공연의 전체 좌석 250개 중에서 8할6푼이 관람객으로 찼습니다. 이 공연의 빈 좌석은 몇 개입니까?

[답]

 확인 학습

✿ 이름 :

✿ 날짜 :

✿ 시간 :　시　분 ~ 　시　분

확인

◆ **문제 해결 방법 찾기** ◆

호준이의 주머니에는 500원짜리 동전 1개, 100원짜리 동전 3개, 50원짜리 동전 3개가 있습니다. 호준이가 주머니에서 동전 4개를 꺼냈더니 700원이었습니다. 호준이가 꺼낸 500원짜리 동전, 100원짜리 동전, 50원짜리 동전은 각각 몇 개인지 알아보려고 합니다. 물음에 답하시오. [1~2]

**1** 실제로 해 보면서 문제를 풀어 보시오.

[답]

**2** 표를 만들어 문제를 풀어 보시오.

[답]

확인 학습

**3** 오빠가 가지고 있는 구슬은 180개이고, 언니가 가지고 있는 구슬은 오빠가 가지고 있는 구슬의 $\frac{5}{6}$ 이고, 내가 가지고 있는 구슬은 언니가 가지고 있는 구슬의 $\frac{3}{5}$ 입니다. 내가 가지고 있는 구슬은 몇 개입니까?

[답] ________________

**4** 진우와 희준이가 턱걸이를 하였습니다. 진우는 월요일에 15회를 하고 다음 날부터는 3회씩 늘려가며 하였고, 희준이는 수요일에 19회를 하고 다음 날부터는 5회씩 늘려가며 하였습니다. 희준이의 턱걸이 횟수가 진우의 턱걸이 횟수보다 많아지는 날은 무슨 요일입니까?

[답] ________________

**5** 붙임 딱지가 규칙적으로 놓여 있습니다. 25번째에 놓일 붙임 딱지는 무슨 색입니까?

[답] ________________

확인 학습

❋ 이름 :
❋ 날짜 :
❋ 시간 :　시　분～　시　분

확인

## 🔵 창의력 학습

크기가 같은 정오각형 모양의 색종이 23장을 그림과 같이 정오각형의 한 변의 길이를 밑부분의 간격으로 하여 게시판에 붙였습니다. 전체 길이가 234cm일 때, 정오각형의 한 변의 길이는 몇 cm입니까?

[답]

보기 에서 삼각형의 각 변에 있는 수는 각 변의 양쪽 꼭짓점에 있는 두 수를 더한 것입니다. 보기 와 같이 다음 삼각형의 각 꼭짓점에 알맞은 수를 써넣으시오.

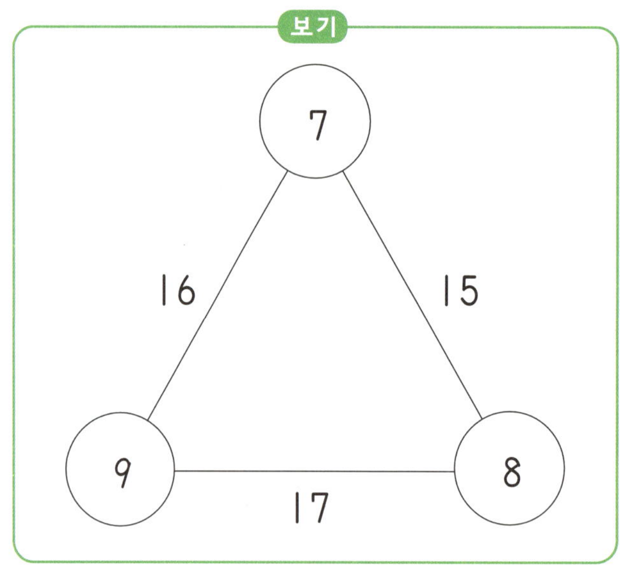


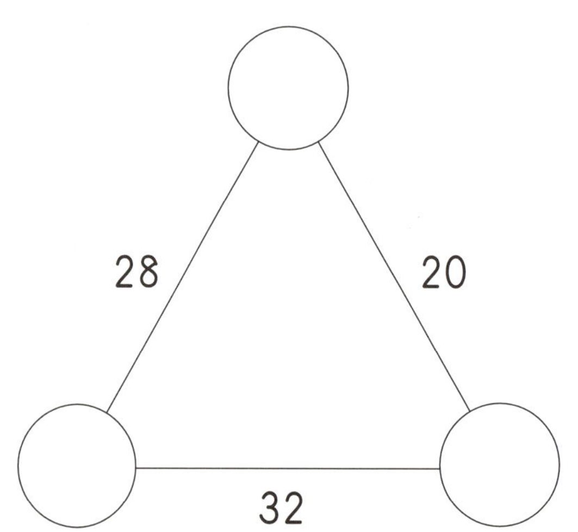

# ➕ 경시대회 예상문제

**1** □ 안에 들어갈 수 있는 기약분수 중에서 분모가 50인 기약분수는 모두 몇 개입니까?

$$3.52 < □ < 3.59$$

[답]

**서술형·논술형**

**2** ㉠과 ㉡ 사이의 자연수는 모두 몇 개인지 구하는 과정을 쓰고 답을 구하시오.

$$㉠ \ 1 \div 5 \qquad ㉡ \ 33 \div 8$$

[답]

**3** 다음 삼각형 중 넓이가 더 넓은 삼각형은 어느 것인지 쓰시오.

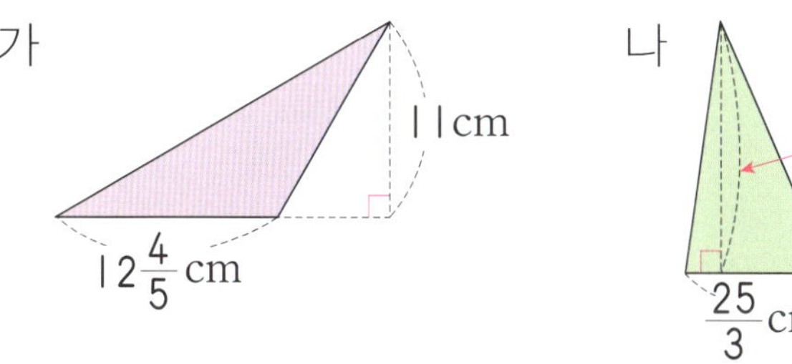


[답]

**4** 선대칭도형도 되고 점대칭도형도 되는 도형을 모두 찾아 쓰시오.

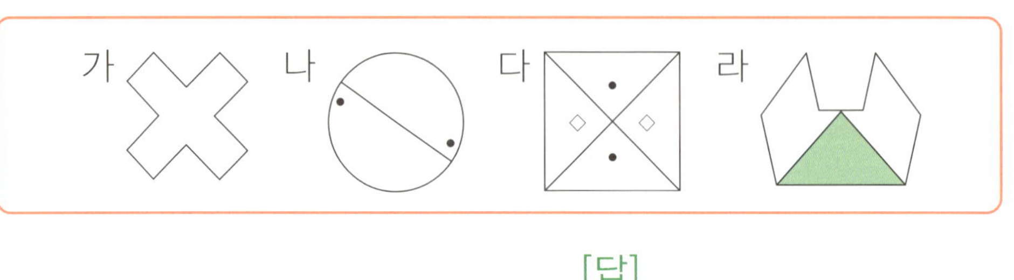


[답]

**5** 삼각형 ㄱㄴㄷ과 삼각형 ㄹㅁㅂ은 점 ㅅ을 대칭의 중심으로 하는 점대칭의 위치에 있는 도형입니다. 삼각형 ㄴㄷㅅ의 넓이가 72cm²일 때, 삼각형 ㄱㄴㄷ의 넓이는 몇 cm²입니까?

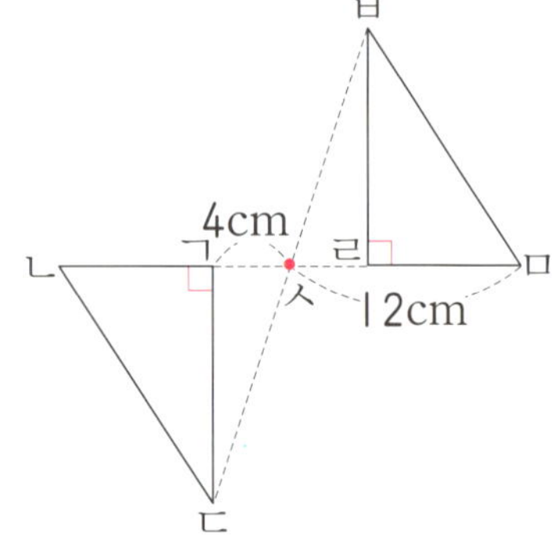


[답]

**6** 어떤 수에 3.17을 곱해야 할 것을 잘못하여 317을 곱했더니 713.25가 되었습니다. 바르게 계산하면 얼마입니까?

[답]

**7** 도형에서 색칠한 부분의 넓이는 몇 cm²입니까?

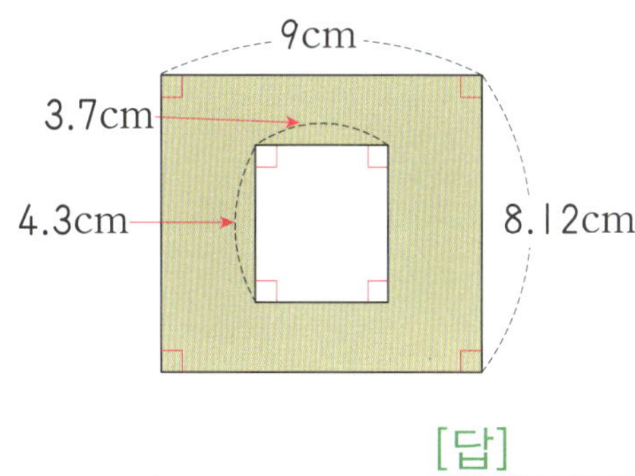


[답]

**8** □ 안에 들어갈 수 있는 자연수는 모두 몇 개입니까?

$$20.22 \div 6 < \square < 229.5 \div 25$$

[답]



**9** 분모가 15인 가분수의 분자를 분모로 나누었더니 몫이 7, 나머지가 11이었습니다. 이 분수를 소수로 나타낼 때, 반올림하여 소수 둘째 자리까지 나타내는 과정을 쓰고 답을 구하시오.

[답]

**10** 마을별 학생 수를 조사하여 나타낸 그림그래프입니다. 4개 마을의 평균 학생 수는 530명이고, 라 마을의 학생 수는 나 마을의 학생 수의 2배입니다. 그림그래프를 완성하시오.

마을별 학생 수

| 마을 | 학생 수 | 마을 | 학생 수 |
|---|---|---|---|
| 가 | | 다 | |
| 나 | | 라 | |

☺ : 100명
☺ : 10명

**11** 정훈이네 꽃밭은 250a입니다. 이 꽃밭의 5할5푼에 튤립을 심고, 나머지의 52%에는 코스모스를 심었습니다. 전체 꽃밭에 대한 아무것도 심지 않은 꽃밭의 넓이의 비율을 소수로 나타내시오.

[답]

**12** 어느 가게에서는 우유병을 재활용하기 위해 빈 우유병 4개를 가져오면 새 우유 한 병과 교환하여 준다고 합니다. 우유 한 병의 값이 600원이면 43200원으로 우유를 몇 병까지 마실 수 있습니까?

[답]

**1** 다음 중 옳지 않은 것을 찾아 기호를 쓰시오.

$$\bigcirc \ \frac{2}{5} = 0.4 \qquad \bigcirc \ \frac{17}{40} = 0.422 \qquad \bigcirc \ 2.264 = 2\frac{33}{125}$$

[답]

**2** 0에서 9까지의 숫자 중에서 □ 안에 들어갈 수 있는 숫자를 모두 구하시오.

$$19\frac{7}{20} > 19.3\square7$$

[답]

**3** 나눗셈의 몫을 찾아 선으로 이으시오.

(1) $14 \div 9$ •

(2) $\dfrac{15}{4} \div 20$ •

• ㉠ $1\dfrac{5}{9}$

• ㉡ $1\dfrac{5}{16}$

• ㉢ $\dfrac{3}{16}$

**4** ☐ 안에 알맞은 수를 써넣으시오.

$$8 \times \boxed{\phantom{00}} = 8\frac{16}{35}$$

**5** 똑같은 음료수 13개의 양이 $2\frac{7}{16}$ L입니다. 음료수 한 개를 네 사람이 똑같이 나누어 먹으면 한 사람이 먹게 되는 음료수는 몇 L입니까?

[식]　　　　　　　　　　　　　　　[답]

**6** 선대칭도형도 되고 점대칭도형도 되는 도형을 찾아 쓰시오.

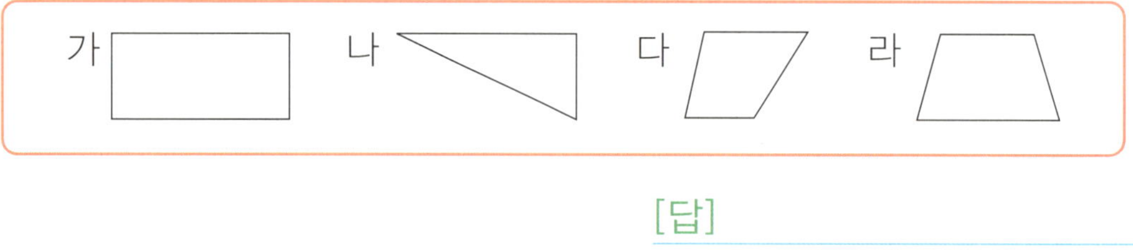


[답]

**7** 직선 ㄱㄴ을 대칭축으로 하는 선대칭의 위치에 있는 도형을 그렸을 때, 두 도형이 겹쳐진 부분은 몇 cm²입니까?

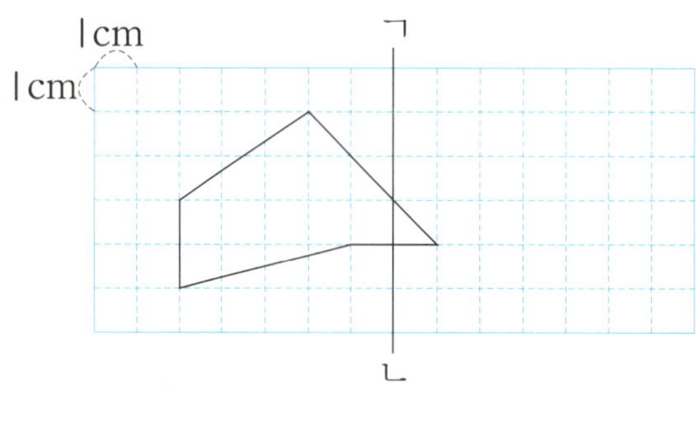


[답]

**8** 다음은 점 ㅈ을 대칭의 중심으로 하는 점대칭의 위치에 있는 도형입니다.
사각형 ㄱㄴㄷㄹ의 둘레는 몇 cm입니까?

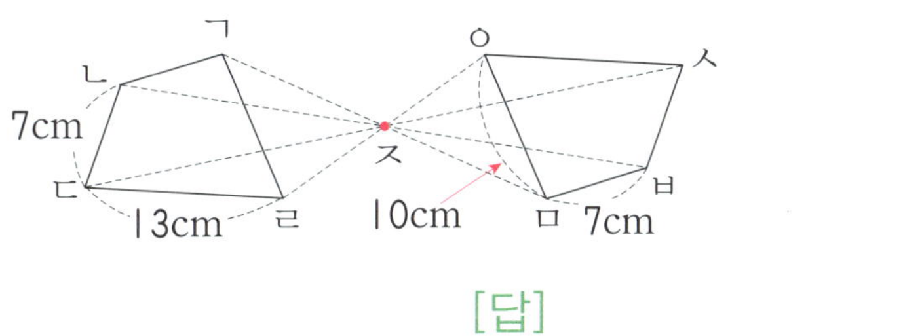


[답]

**9** 빈칸에 알맞은 수를 써넣으시오.

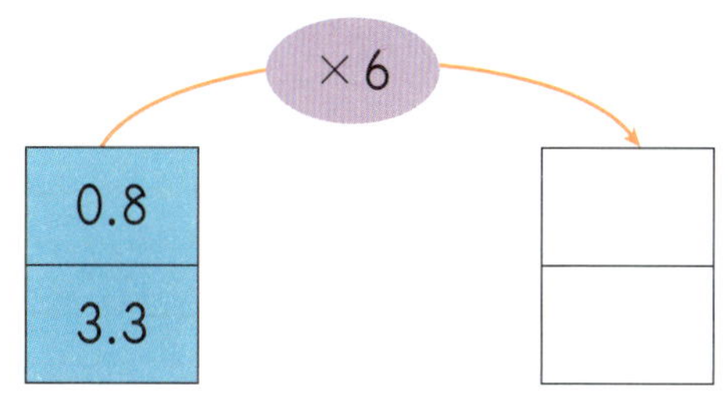


**10** 곱의 크기를 비교하여 ○ 안에 >, =, <를 알맞게 써넣으시오.

0.849×100 ◯ 849×0.1

**11** 현수는 철사를 2.3m 가지고 있습니다. 승현이는 현수가 가지고 있는 철
사의 3.7배만큼 가지고 있습니다. 승현이가 가지고 있는 철사는 몇 m입
니까?

[식]　　　　　　　　　　　　　　　[답]

**12** 계산이 틀린 곳을 찾아 바르게 고쳐 보시오.

$$
\begin{array}{r}
8.7 \\
21\overline{)18.27} \\
168 \\
\hline
147 \\
147 \\
\hline
0
\end{array}
\qquad\Rightarrow\qquad
21\overline{)18.27}
$$

**13** 몫이 큰 것부터 차례로 기호를 쓰시오.

| | |
|---|---|
| ㉠ $155.32 \div 22$ | ㉡ $257.1 \div 5$ |
| ㉢ $76 \div 25$ | ㉣ $41.4 \div 9$ |

[답]

**14** 휘발유 8L로 120.48km를 달리는 자동차가 있습니다. 이 자동차는 휘발유 1L로 몇 km를 달릴 수 있습니까?

[식]　　　　　　　　　　　　　　　　[답]

**15** 재원이네 반 학생들의 수학 점수를 조사하여 나타낸 줄기와 잎 그림입니다. 수학 점수가 가장 높은 학생과 가장 낮은 학생의 차는 몇 점입니까?

수학 점수　　　　(6 | 9는 69점)

| 줄기 | 잎 |
|---|---|
| 6 | 9　9　3　7 |
| 7 | 3　5　8　8　4 |
| 8 | 9　9　0　2　5　4　3 |
| 9 | 2　2　8　0 |

[답]

반별 학급문고 수를 조사하여 나타낸 그림그래프입니다. 물음에 답하시오. [16~17]

반별 학급문고 수

| 반 | 학급문고 수 |
|---|---|
| 1 | |
| 2 | |
| 3 | |
| 4 | |
| 5 | |

: 100권
: 10권

**16** 3반의 학급문고 수는 나머지 반의 평균 학급문고 수보다 **40권**이 적을 때, 3반의 학급문고 수를 그림그래프에 나타내시오.

**17** 5개 반의 평균 학급문고 수를 구하시오.

[답]

**18** 빈칸에 알맞게 써넣으시오.

| 비         비율 | 분수 | 소수 | 백분율 | 할푼리 |
|:---:|:---:|:---:|:---:|:---:|
| 3 : 20 | | | | |
| 74 : 125 | | | | |

**19** 똑같은 바지를 가 상점에서는 가격이 54500원인데 8% 할인해 주고, 나 상점에서는 가격이 63000원인데 14% 할인해 준다고 합니다. 바지를 더 싸게 파는 곳은 어디입니까?

[답]

**20** 수연, 경은, 진우, 예진이는 국어, 수학, 음악, 미술 중 서로 다른 과목을 한 가지씩 좋아합니다. 수연이는 국어를 좋아하고 경은이는 수학을 좋아하지 않습니다. 진우는 미술을 좋아합니다. 경은이와 예진이가 좋아하는 과목은 각각 무엇인지 차례로 구하시오.

[답]

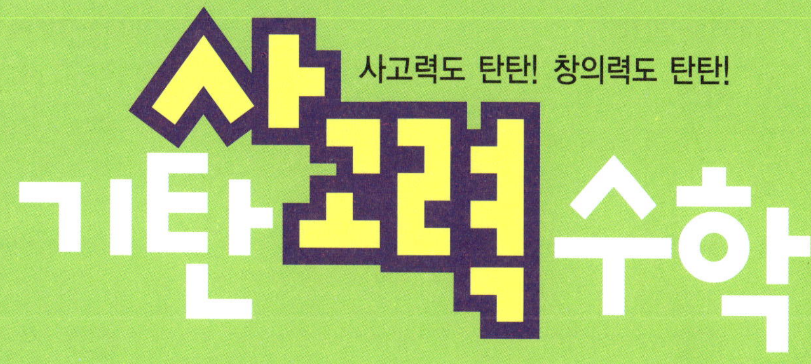

1301a~1360b

## 301a~301b

1　(1) 6, 7　(2) 6, 7

2　(1) 4, 9　(2) 9, 4

3　5 : 9, 5 대 9

4　3 / 8 / 8, 3 / 3, 8

5　(1) 5 : 6　(2) 7 : 10

풀이　(1) (색칠한 부분) : (전체)＝5 : 6
(2) (색칠한 부분) : (전체)＝7 : 10

## 302a~302b

1　(1)-㉠　(2)-㉡

2　예

3　예

4　예

5　예

6　㉢

풀이　㉢ 12와 7의 비는 12 : 7이므로 7에 대한 12의 비입니다.

7　㉢

풀이　㉠ ■와 ♥의 비 ➡ ■ : ♥
㉡ ♥에 대한 ■의 비 ➡ ■ : ♥
㉢ ♥의 ■에 대한 비 ➡ ♥ : ■
㉣ ■ 대 ♥ ➡ ■ : ♥

8　㉡

풀이　㉠ 14 : 9 ➡ □＝9
㉡ 8 : 15 ➡ □＝15
㉢ 11 : 16 ➡ □＝11

## 303a~303b

1　(1) 9 : 13　(2) 13 : 9　(3) 13 : 22

풀이　(귤의 수)＝22－13＝9(개)
(1) (귤의 수) : (자두의 수)＝9 : 13
(2) (자두의 수) : (귤의 수)＝13 : 9
(3) (자두의 수) : (전체 과일 수)＝13 : 22

2　8 : 11

풀이　(전체 구슬 수)＝8＋3＝11(개)
(빨간색 구슬 수)＝8개
➡ (빨간색 구슬 수) : (전체 구슬 수)
＝8 : 11

3　6 : 19

풀이　(먹고 남은 사탕 수)＝19－13
＝6(개)
➡ (먹고 남은 사탕 수) : (전체 사탕 수)
＝6 : 19

4　9 : 26

풀이　(직사각형의 둘레)＝9＋4＋9＋4
＝26(cm)
➡ (가로) : (둘레)＝9 : 26

5　8 : 24

풀이　(정삼각형의 둘레)＝8×3
＝24(cm)
➡ (한 변) : (둘레)＝8 : 24

6　16 : 28

풀이　(영민이가 이긴 횟수)＝$28×\dfrac{4}{7}$
＝16(번)
➡ (이긴 횟수) : (전체 가위바위보 횟수)
＝16 : 28

## 304a~304b

1　과자의 수, 빵의 수

2　여학생 수, 남학생 수

3　연필 수, 색연필 수

4　9, 7

**5** (위에서부터) 16, 33, $\dfrac{16}{33}$ / 16, 17, $\dfrac{16}{17}$ / 17, 16, $1\dfrac{1}{16}$

**6** (위에서부터) 23, 49, $\dfrac{23}{49}$ / 26, 49, $\dfrac{26}{49}$ / 26, 23, $1\dfrac{3}{23}$ / 23, 26, $\dfrac{23}{26}$

**6** ㉡

풀이 ㉠ 13과 125의 비 ➡ 13 : 125

➡ $\dfrac{13}{125} = 0.104$

㉡ 20에 대한 3의 비 ➡ 3 : 20

➡ $\dfrac{3}{20} = 0.15$

㉢ 7의 50에 대한 비 ➡ 7 : 50

➡ $\dfrac{7}{50} = 0.14$

---

## 305a~305b

**1** ㉢

풀이 ㉠ 13 : 7 ➡ 비교하는 양: 13
㉡ 13 : 11 ➡ 비교하는 양: 13
㉢ 5 : 13 ➡ 비교하는 양: 5
㉣ 13 : 9 ➡ 비교하는 양: 13

**2** ㉡

**3**

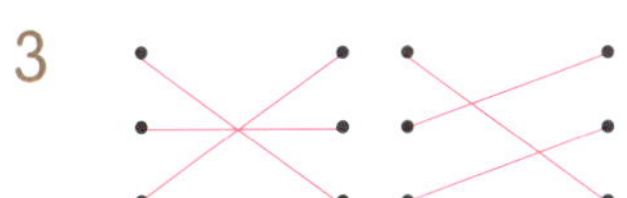

풀이 9와 20의 비 ➡ 9 : 20

➡ $\dfrac{9}{20} = 0.45$

50에 대한 19의 비 ➡ 19 : 50

➡ $\dfrac{19}{50} = 0.38$

3 : 8 ➡ $\dfrac{3}{8} = 0.375$

**4** ㉣

풀이 ㉣ 8에 대한 5의 비 ➡ 5 : 8 ➡ $\dfrac{5}{8}$

**5** $\dfrac{11}{20}$, 0.55

풀이 (색칠한 부분) : (전체) = 11 : 20

➡ $\dfrac{11}{20} = 0.55$

---

## 306a~306b

**1** (1) $\dfrac{7}{12}$ (2) $1\dfrac{5}{7}$

**2** 0.625

풀이 (탑승자 수) : (전체 인원수)

$= 10 : 16$ ➡ $\dfrac{10}{16} = 0.625$

**3** 0.168

풀이 (소금의 양) : (소금물의 양)

$= 84 : 500$ ➡ $\dfrac{84}{500} = 0.168$

**4** $\dfrac{3}{4}$, 0.75

풀이 (형준이네 반의 골의 수) : (유진이네 반의 골의 수)

$= 3 : 4$ ➡ $\dfrac{3}{4} = 0.75$

**5** $\dfrac{13}{25}$, 0.52

풀이 (전체 바둑돌의 수) = 65 + 60

$= 125$(개)

(검은 바둑돌의 수) : (전체 바둑돌의 수)

$= 65 : 125$ ➡ $\dfrac{65}{125} = \dfrac{13}{25} = 0.52$

**6** 노란색 색종이

풀이 (남은 노란색 색종이 수)$=45-18$
$$=27(장)$$

(남은 노란색 색종이 수) : (전체 노란색 색종이 수)

$$=27 : 45 \implies \frac{27}{45}=0.6$$

(남은 파란색 색종이 수)
$$=150-72=78(장)$$

(남은 파란색 색종이 수) : (전체 파란색 색종이 수)

$$=78 : 150 \implies \frac{78}{150}=0.52$$

따라서 사용하고 남은 색종이의 비율이 더 높은 것은 노란색 색종이입니다.

---

**307a~307b**

**1** (1) $\dfrac{33}{100}$ (2) $33\%$

**2** $74\%$

**3** $40\%$

풀이 (색칠한 부분) : (전체)$=2 : 5$

$$\implies \frac{2}{5}=\frac{40}{100} \implies 40\%$$

**4** $75\%$　　**5** $85\%$

**6** $43\%$　　**7** $126\%$

**8** $36\%$　　**9** $26\%$

**10** (위에서부터) $\dfrac{27}{100}$, $0.27$ / $\dfrac{83}{100}$, $0.83$ / $1\dfrac{9}{100}$, $1.09$

---

**308a~308b**

**1** 예

---

풀이 $16\% \implies \dfrac{16}{100}=\dfrac{4}{25}$

따라서 25칸 중에서 4칸을 색칠합니다.

**2** ㉠

풀이 ㉠ $0.55=\dfrac{55}{100} \implies 55\%$

㉡ $\dfrac{13}{20}=\dfrac{65}{100} \implies 65\%$

㉢ $65\%$

**3** $>$

풀이 $\dfrac{11}{40}=\dfrac{275}{1000} \implies 27.5\%$

$$\implies \frac{11}{40} > 27\%$$

**4** ㉢

풀이 ㉠ $\dfrac{77}{125}=\dfrac{616}{1000} \implies 61.6\%$

㉡ $\dfrac{8}{5}=\dfrac{160}{100} \implies 160\%$

**5** ㉣, ㉠, ㉡, ㉢

풀이 ㉠ $0.32=\dfrac{32}{100} \implies 32\%$

㉡ $\dfrac{7}{20}=\dfrac{35}{100} \implies 35\%$

㉢ $\dfrac{9}{25}=\dfrac{36}{100} \implies 36\%$

㉣ $31.2\%$

$$\implies ㉣ < ㉠ < ㉡ < ㉢$$

**6** $27$

풀이 50에 대한 ★의 비 $\implies$ ★ : 50

$$\implies \frac{★}{50}=\frac{★\times 2}{100}=\frac{54}{100}$$

★$\times 2=54$에서 ★$=54\div 2=27$입니다.

---

**309a~309b**

**1** (1) $47\%$ (2) $53\%$

**2** $75\%$

풀이 $\dfrac{3}{4}=\dfrac{75}{100} \implies 75\%$

※해답은 따로 보관하고 있다가 채점할 때 사용해 주세요.

**3** 11.5%

풀이 $\dfrac{115}{1000}$ ➡ 11.5%

**4** 11250원

풀이 (모자의 할인된 금액)
$=15000 \times \dfrac{25}{100} = 3750$(원)

(의진이가 산 모자의 금액)
$=15000-3750=11250$(원)

**5** 114개

풀이 (성공한 자유투)$=152 \times \dfrac{75}{100}$
$=114$(개)

**6** 143명

풀이 동생이 없는 학생이 전체의 45%이므로 동생이 있는 학생은 전체의 55%입니다.

(동생이 있는 학생 수)$=260 \times \dfrac{55}{100}$
$=143$(명)

**7** 5670원

풀이 (5%의 이익)$=5400 \times \dfrac{5}{100}$
$=270$(원)
(크레파스의 정가)$=5400+270$
$=5670$(원)

---

### 310a~310b

**1** 2할5푼7리  **2** 6할4리
**3** 16할9푼  **4** 0.225
**5** 0.05  **6** 1.398
**7** 4할  **8** 3할7푼5리
**9** 4할5푼  **10** 7할4리
**11** 1할3푼  **12** 4할6리
**13** 15할2푼  **14** 42.7%

---

**15** 5.9%  **16** 210.3%

**17** (위에서부터) $\dfrac{3}{4}$, 0.75, 75%, 7할5푼 /
$1\dfrac{3}{8}$, 1.375, 137.5%, 13할7푼5리

---

### 311a~311b

**1** ㉡

풀이 ㉠ 0.809 ➡ 8할9리
㉡ $1\dfrac{2}{25}=1.08$ ➡ 10할8푼

**2** 3할5푼

풀이 (색칠한 부분) : (전체)$=7 : 20$
➡ $\dfrac{7}{20}=0.35$ ➡ 3할5푼

**3** <

풀이 $\dfrac{63}{125}=0.504$, 5할4푼 ➡ 0.54
➡ $\dfrac{63}{125}$ ⬤< 5할4푼

**4** ㉡

풀이 ㉠ 84% ➡ 0.84
㉡ 8할4리 ➡ 0.804
㉢ $\dfrac{21}{25}$ ➡ 0.84

**5** ㉣, ㉢, ㉠, ㉡

풀이 ㉠ $\dfrac{29}{40}=0.725$
㉡ 0.275
㉢ 73% ➡ 0.73
㉣ 7할5푼 ➡ 0.75

**6** 예

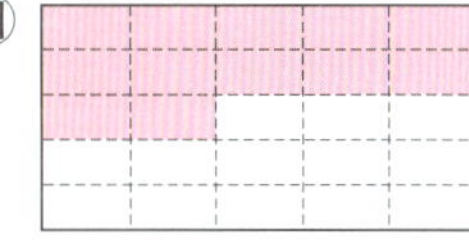

풀이 4할8푼 ➡ $0.48=\dfrac{48}{100}=\dfrac{12}{25}$

따라서 25칸 중에서 12칸을 색칠합니다.

## 312a~312b

**1** 8할5푼

풀이 $\dfrac{17}{20}=0.85 \Rightarrow$ 8할5푼

**2** 1할3푼5리

풀이 $\dfrac{27}{200}=0.135 \Rightarrow$ 1할3푼5리

**3** 7할5푼

풀이 $\dfrac{12}{16}=0.75 \Rightarrow$ 7할5푼

**4** 2할5푼

풀이 (지수가 동생에게 주고 남은 우표 수)
$=12-9=3$(장)

$\dfrac{3}{12}=0.25 \Rightarrow$ 2할5푼

**5** 5할6푼

풀이 오리는 14마리, 돼지는 11마리이고
전체는 25마리입니다.

$\dfrac{14}{25}=0.56 \Rightarrow$ 5할6푼

**6** 24명

풀이 5할2푼 $\Rightarrow$ 0.52
남학생의 비율이 0.52이므로 여학생의 비
율은 0.48입니다.
$0.48=\dfrac{48}{100}=\dfrac{24}{50}$ 이므로 운동장에 모인
여학생은 24명입니다.

**7** 14개

풀이 2할8푼 $\Rightarrow 0.28=\dfrac{28}{100}$

(파란색 구슬 수)$=125 \times \dfrac{28}{100}=35$(개)

$40\% \Rightarrow \dfrac{40}{100}$

(친구에게 준 구슬 수)$=35 \times \dfrac{40}{100}$
$\phantom{(친구에게 준 구슬 수)=35}=14$(개)

## 313a~313b 창의력 학습

**a** 10%, 30%

풀이 (수요일에 할인된 금액)
$=500-450=50$(원)
(토요일에 할인된 금액)
$=500-350=150$(원)

수요일: $\dfrac{50}{500}=\dfrac{10}{100} \Rightarrow$ 10%

토요일: $\dfrac{150}{500}=\dfrac{30}{100} \Rightarrow$ 30%

**b** 38명

풀이 어른의 입장료는 2400원이고 어른
은 2명입니다.

(학생 입장료)$=2400 \times \dfrac{6}{10}=1440$(원)

학생 1명당 사용한 돈은 $(1440+2000)$원
이므로 학생 수를 $\square$명이라고 하면
$2400 \times 2+(1440+2000) \times \square$
$=135520$,
$3440 \times \square=130720$, $\square=38$

## 314a~315b 경시대회 예상문제

**1** 20 : 49

풀이 (정사각형의 넓이)$=7 \times 7$
$\phantom{(정사각형의 넓이)=7}=49(\text{cm}^2)$
(삼각형의 넓이)$=8 \times 5 \div 2=20(\text{cm}^2)$
$\Rightarrow$ (삼각형의 넓이) : (정사각형의 넓이)
$\phantom{\Rightarrow}=20 : 49$

**2** 0.32

풀이 (ⓛ에 대한 ㉠의 비율)$=\dfrac{㉠}{ⓛ}=\dfrac{4}{10}$

(㉠에 대한 ㉢의 비율)$=\dfrac{㉢}{㉠}=\dfrac{4}{5}$

$\Rightarrow$ (ⓛ에 대한 ㉢의 비율)$=\dfrac{㉢}{ⓛ}=\dfrac{㉠}{ⓛ} \times \dfrac{㉢}{㉠}$

$\phantom{\Rightarrow (ⓛ에 대한 ㉢의 비율)}=\dfrac{4}{10} \times \dfrac{4}{5}$

$\phantom{\Rightarrow (ⓛ에 대한 ㉢의 비율)}=\dfrac{16}{50}=0.32$

**3** 63

 $\square : \triangle$ 에서 $\square + \triangle = 138$

$\dfrac{\square}{\triangle} = 0.84 = \dfrac{21}{25}$

따라서 $\dfrac{21}{25}$ 과 크기가 같으면서 분자, 분모

의 합이 138인 분수는 $\dfrac{63}{75}$ 이므로 비교하

는 양 $\square = 63$입니다.

**4** 가

 (가 꽃밭의 넓이) $= 12.5 \times 8.4$
$= 105(\text{m}^2)$

(튤립을 심고 남은 꽃밭의 넓이)
$= 105 - 39 = 66(\text{m}^2)$

(나 꽃밭의 넓이) $= 15 \times 9.6 = 144(\text{m}^2)$

(해바라기를 심고 남은 꽃밭의 넓이)
$= 144 - 56 = 88(\text{m}^2)$

(튤립을 심고 남은 꽃밭의 비율)

$= \dfrac{66}{105} = \dfrac{22}{35}$

(해바라기를 심고 남은 꽃밭의 비율)

$= \dfrac{88}{144} = \dfrac{22}{36}$

따라서 꽃을 심고 남은 꽃밭의 비율이 더
높은 쪽은 가입니다.

**5** (바지 한 벌의 판매 이익금)
$= 56000 \times 0.17 = 9520(\text{원})$

➡ (바지 5벌의 판매 이익금)
$= 9520 \times 5 = 47600(\text{원})$

[답] 47600원

| 평가 기준 | |
| --- | --- |
| 상 | 바지 한 벌의 판매 이익과 바지 5벌의 판매 이익을 바르게 구한 경우 |
| 중 | 바지 한 벌의 판매 이익을 구하였으나 바지 5벌의 판매 이익을 구하지 못한 경우 |
| 하 | 풀이 과정과 답을 구하지 못한 경우 |

**6** 가 상점

 (가 상점의 할인액) $= 14500 \times 0.08$
$= 1160(\text{원})$

(가 상점에서 판매하는 장난감 가격)
$= 14500 - 1160 = 13340(\text{원})$

(나 상점의 할인액) $= 15500 \times 0.12$
$= 1860(\text{원})$

(나 상점에서 판매하는 장난감 가격)
$= 15500 - 1860 = 13640(\text{원})$

따라서 장난감 자동차를 더 싸게 파는 곳
은 가 상점입니다.

**7** 직사각형, $10.58\text{cm}^2$

 (정사각형의 넓이) $= 23 \times 23$
$= 529(\text{cm}^2)$

(새로 만든 직사각형의 가로)
$= 23 - 23 \times \dfrac{15}{100} = 19.55(\text{cm})$

(새로 만든 직사각형의 세로)
$= 23 + 23 \times \dfrac{20}{100} = 27.6(\text{cm})$

(직사각형의 넓이) $= 19.55 \times 27.6$
$= 539.58(\text{cm}^2)$

따라서 직사각형의 넓이가 정사각형의 넓
이보다 $539.58 - 529 = 10.58(\text{cm}^2)$ 더
넓습니다.

**8** 나

(가의 이자) $= 512500 - 500000$
$= 12500(\text{원})$

가의 이자율: $\dfrac{12500}{500000} = \dfrac{25}{1000}$

➡ $2.5\%$

(나의 이자) $= 463050 - 450000$
$= 13050(\text{원})$

나의 이자율: $\dfrac{13050}{450000} = \dfrac{29}{1000}$

➡ $2.9\%$

(다의 이자) $= 718200 - 700000$
$= 18200(\text{원})$

다의 이자율: $\dfrac{18200}{700000} = \dfrac{26}{1000}$

➡ $2.6\%$

따라서 이자율이 가장 높은 은행은 나입
니다.

**9** 2할5푼

(가로) $= 2304 \div 24 = 96(\text{cm})$

(가로에 대한 세로의 비율) $= \dfrac{24}{96}$
$= 0.25$

➡ 2할5푼

**10** 58.4m

풀이 (첫 번째 떨어뜨린 높이)=20m
(첫 번째 튀어 오른 높이)=20×0.6
=12(m)
(두 번째 떨어진 높이)=12m
(두 번째 튀어 오른 높이)=12×0.6
=7.2(m)
(세 번째 떨어진 높이)=7.2m
➡ 20+12+12+7.2+7.2=58.4(m)

**11** (감자를 심은 밭)=500×0.52
=260(a)
(고구마를 심은 밭)=(500−260)×0.75
=180(a)
(아무것도 심지 않은 밭)
=500−(260+180)=60(a)
따라서 전체 밭에 대한 아무것도 심지 않은
밭의 넓이의 비율은 $\frac{60}{500}$=0.12입니다.

[답] 0.12

| 평가 기준 | |
|---|---|
| 상 | 아무것도 심지 않은 밭의 넓이와 전체 밭에 대한 아무것도 심지 않은 밭의 넓이의 비율을 바르게 구한 경우 |
| 중 | 아무것도 심지 않은 밭의 넓이를 구하였으나 전체 밭에 대한 아무것도 심지 않은 밭의 넓이의 비율을 구하지 못한 경우 |
| 하 | 풀이 과정과 답을 구하지 못한 경우 |

**12** 5할5푼

풀이 (물병에 들어 있는 물의 양)
=2×0.8=1.6(L)
(기준이가 마신 물의 양)=1.6×0.45
=0.72(L)
(남아 있는 물의 양)=1.6−0.72
=0.88(L)
따라서 처음에 들어 있던 물의 양에 대한
남아 있는 물의 양의 비는
0.88 : 1.6 ➡ 11 : 20이므로 $\frac{11}{20}$=0.55
➡ 5할5푼입니다.

## 316a~316b

**1** (1) 2권 (2) 7칸, 2칸

**2** (1) (위에서부터) 4, 5 / 37, 38, 39, 40, 41
(2) 7칸, 2칸

**3** (1) 1200원 (2) 1150원 (3) 2개, 1개, 1개

**4** (위에서부터) 2, 3, 2, 3 / 1200, 1150, 1100, 750, 700, 650, 300, 250 / 2개, 1개, 1개

## 317a~317b

**1** (1) 36점 (2) 31점 (3) 9번

**2** (위에서부터) 7, 6, 5, 4, 3 / 21, 26, 31, 36, 41 / 9번

**3** (1) 702 (2) 812 (3) 600 (4) 24쪽, 25쪽

**4** (위에서부터) 21, 23, 25, 27, 29 / 420, 506, 600, 702, 812 / 24쪽, 25쪽

## 318a~318b

**1** 예 숫자 카드를 뽑았더니

3 , 3 , 7 , 7 이었습니다. 숫자
카드의 숫자의 합은 20입니다.
22가 아니므로 다시 숫자 카드를 뽑았더니
3 , 3 , 7 , 9 였습니다. 숫자 카
드의 숫자의 합은 22입니다.
따라서 숫자 카드를 3 은 2장, 7 은
1장, 9 는 1장 뽑아야 합니다.
/ 3 : 2장, 7 : 1장, 9 : 1장

**2** 예

| | | | |
|---|---|---|---|
| ③의 수(장) | 2 | 2 | 2 |
| ⑦의 수(장) | 2 | 1 | 0 |
| ⑨의 수(장) | 0 | 1 | 2 |
| 합계 | 20 | 22 | 24 |

따라서 숫자 카드를 ③은 2장, ⑦은 1장, ⑨는 1장 뽑아야 합니다.

/ ③ : 2장, ⑦ : 1장, ⑨ : 1장

**3** 2년 후

풀이 〈실제로 해 보기〉

올해 현경, 오빠, 언니의 나이의 합이 46살, 아버지의 나이가 50살입니다. 1년 후에는 각각 49살, 51살이 되므로 같지 않습니다. 2년 후에는 각각 52살, 52살이 되므로 같습니다.

따라서 현경, 오빠, 언니의 나이의 합과 아버지의 나이가 같아지는 때는 올해부터 2년 후입니다.

〈표 만들기〉

| 몇 년 후 | 1 | 2 | 3 |
|---|---|---|---|
| 현경, 오빠, 언니의 나이의 합(살) | 49 | 52 | 55 |
| 아버지의 나이(살) | 51 | 52 | 53 |

따라서 현경, 오빠, 언니의 나이의 합과 아버지의 나이가 같아지는 때는 올해부터 2년 후입니다.

**4** 2개, 1개, 2개

풀이 〈실제로 해 보기〉

동전 5개를 꺼냈더니 500원짜리 동전 2개, 100원짜리 동전 2개, 50원짜리 동전 1개였습니다. 꺼낸 동전은 1250원입니다. 1200원이 아니므로 주머니에 집어넣고 다시 동전 5개를 꺼냈더니 500원짜리 동전 2개, 100원짜리 동전 1개, 50원짜리 동전 2개였습니다. 꺼낸 동전은 1200원입니다.

따라서 혜리가 꺼낸 동전은 500원짜리 2개, 100원짜리 1개, 50원짜리 2개입니다.

〈표 만들기〉

| 500원짜리 동전의 수(개) | 2 | 2 | 2 |
|---|---|---|---|
| 100원짜리 동전의 수(개) | 3 | 2 | 1 |
| 50원짜리 동전의 수(개) | 0 | 1 | 2 |
| 합계(원) | 1300 | 1250 | 1200 |

따라서 혜리가 꺼낸 동전은 500원짜리 2개, 100원짜리 1개, 50원짜리 2개입니다.

**5** 8개, 2개

풀이 〈실제로 해 보기〉

사탕을 9개 샀더니 사탕 값이 2700원이고 남은 돈 1300원으로 과자 한 개를 사면 500원이 남습니다.

사탕을 8개 샀더니 사탕 값이 2400원이고 남은 돈 1600원으로 과자 2개를 사면 거스름돈이 남지 않습니다.

따라서 진경이는 사탕 8개, 과자 2개를 살 수 있습니다.

〈표 만들기〉

| 사탕 수(개) | 10 | 9 | 8 |
|---|---|---|---|
| 과자 수(개) | 1 | 1 | 2 |
| 합계(원) | 3800 | 3500 | 4000 |

따라서 진경이는 사탕 8개, 과자 2개를 살 수 있습니다.

**319a~319b**

**1** (1) 5 (2) 5cm (3) 40cm, 25cm

**2** (1) $\frac{5}{8}$ (2) 40, $\frac{5}{8}$, 25

**3** (1) 오리, 백조 (2) 8마리
(3) 8마리 (4) 24마리

**4** (1) ★ × 3 (2) 3, 4, 8 (3) 24마리

## 320a~320b

**1** (1) 9 (2) 12개 (3) 21개

**2** (1) ● − 9 (2) 9, 42, 21

**3** (1) 동화, 준희 (2) 5, 5, 5, 20

**4** (1) ◆, 5, 5, ◆, 6, 5
 (2) 5cm, 5cm, 20cm

## 321a~321b

**1** 예
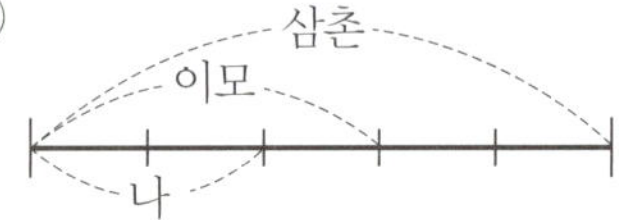


85를 5등분한 것 중의 하나는 17kg이므로 나의 몸무게는 $17 \times 2 = 34$(kg)입니다. / 34kg

**2** 예 (이모의 몸무게) $= 85 \times \dfrac{3}{5} = 51$(kg)

(나의 몸무게) $= 51 \times \dfrac{2}{3} = 34$(kg)

/ 34kg

**3** 36cm, 9cm

풀이 〈그림 그리기〉
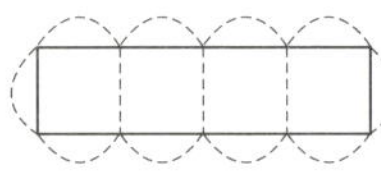
오른쪽 그림에서 직사각형의 둘레는 세로의 10배이므로 세로는 $90 \div 10 = 9$(cm)이고, 가로는 36cm입니다.
〈식 만들기〉
직사각형의 세로를 □cm라고 하면 가로는 (□ × 4)cm입니다.
직사각형의 가로와 세로의 합은 45cm이므로 □ × 4 + □ = 45, □ × 5 = 45, □ = 45 ÷ 5 = 9
따라서 직사각형의 세로는 9cm이고, 가로는 □ × 4 = 9 × 4 = 36(cm)입니다.

**4** 15개

풀이 〈그림 그리기〉
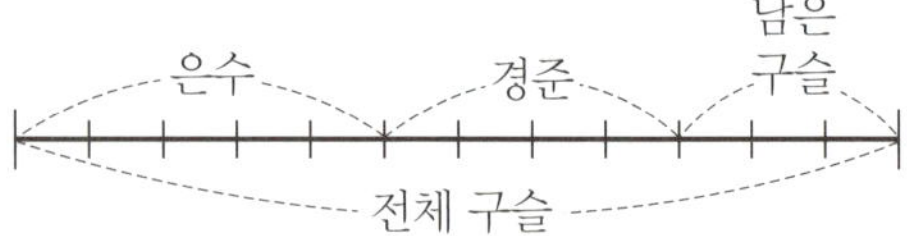


60을 12등분한 것 중의 하나는 5개이므로 은수와 경준이가 가지고 남은 구슬은 $5 \times 3 = 15$(개)입니다.
〈식 만들기〉

(은수가 가진 구슬 수) $= 60 \times \dfrac{5}{12} = 25$(개)

(경준이가 가진 구슬 수) $= (60 - 25) \times \dfrac{4}{7}$
$= 20$(개)
(남은 구슬 수) $= 60 - (25 + 20) = 15$(개)

**5** 24km

풀이 〈그림 그리기〉
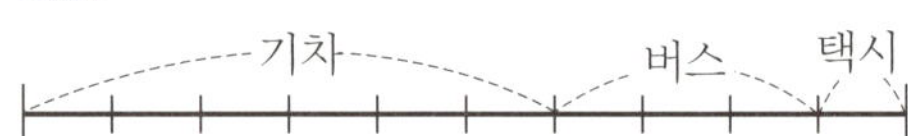


240을 10등분한 것 중의 하나는 24km이므로 택시를 탄 거리는 24km입니다.
〈식 만들기〉

(기차를 탄 거리) $= 240 \times \dfrac{3}{5} = 144$(km)

(버스를 탄 거리) $= (240 - 144) \times \dfrac{3}{4}$
$= 72$(km)
(택시를 탄 거리) $= 240 - (144 + 72)$
$= 24$(km)

## 322a~322b

**1** (1) 88점
(2) 많으므로에 ○표, 3점짜리 문제에 ○표
(3) 86점 (4) 12개, 10개

**2** (1) (위에서부터) 10, 9, 8 / 88, 86, 84, 82
(2) 12개, 10개

**3** (1) 19 (2) 285 (3) 20 (4) 280 (5) 14, 20

**4** (1) (위에서부터) 22, 21, 20, 19, 18 /
264, 273, 280, 285, 288
(2) 14, 20

### 323a~323b

**1** (1) 2000원, 1800원
(2) 2500원, 2700원 (3) 5월

**2** (위에서부터) 2000, 2500 / 1800, 2700
/ 5월

**3** (1) 26명
(2) 적으므로에 ○표, 늘려서에 ○표
(3) 32명 (4) 5개

**4** 8, 14, 20, 26, 32 / 5개

### 324a~324b

**1** 예 두발자전거: 22대, 세발자전거: 22대
➡ $22 \times 2 + 22 \times 3 = 110$(개)
바퀴 수가 108개보다 많으므로 바퀴 수가
적은 두발자전거 수를 늘려서 다시 예상합
니다.
두발자전거: 23대, 세발자전거: 21대
➡ $23 \times 2 + 21 \times 3 = 109$(개)
두발자전거: 24대, 세발자전거: 20대
➡ $24 \times 2 + 20 \times 3 = 108$(개)
따라서 두발자전거 24대, 세발자전거 20
대입니다.
/ 두발자전거 24대, 세발자전거 20대

**2** 예

| 두발자전거 수(대) | 22 | 23 | 24 | 25 |
|---|---|---|---|---|
| 세발자전거 수(대) | 22 | 21 | 20 | 19 |
| 바퀴 수(개) | 110 | 109 | 108 | 107 |

두발자전거 24대, 세발자전거 20대입니다.
/ 두발자전거 24대, 세발자전거 20대

**3** 3자루, 2자루
풀이 〈예상하고 확인하기〉
연필: 2자루, 볼펜: 3자루
➡ $500 \times 2 + 700 \times 3 = 3100$(원)
2900원보다 많으므로 값이 더 비싼 볼펜
수를 줄여서 다시 예상합니다.
연필: 3자루, 볼펜: 2자루
➡ $500 \times 3 + 700 \times 2 = 2900$(원)
따라서 연필은 3자루, 볼펜은 2자루 샀습
니다.
〈표 만들기〉

| 연필 수(자루) | 2 | 3 | 4 |
|---|---|---|---|
| 볼펜 수(자루) | 3 | 2 | 1 |
| 합계(원) | 3100 | 2900 | 2700 |

따라서 연필은 3자루, 볼펜은 2자루 샀습
니다.

**4** 여름, 겨울
풀이 〈예상하고 확인하기〉
형주가 봄을 좋아하고 은미가 가을을 좋아
하므로 재현이와 동훈이가 좋아하는 계절
은 여름 또는 겨울입니다. 그런데 재현이
가 겨울을 좋아하지 않으므로 재현이가 좋
아하는 계절은 여름이고 동훈이가 좋아하
는 계절은 겨울입니다.
〈표 만들기〉

| | 봄 | 여름 | 가을 | 겨울 |
|---|---|---|---|---|
| 형주 | ○ | × | × | × |
| 은미 | × | × | ○ | × |
| 재현 | × | ○ | × | × |
| 동훈 | × | × | × | ○ |

따라서 재현이가 좋아하는 계절은 여름이
고 동훈이가 좋아하는 계절은 겨울입니다.

**5** 6개, 8개
풀이 〈예상하고 확인하기〉
정삼각형 1개의 둘레는 3cm, 정사각형 1
개의 둘레는 4cm입니다.
정삼각형: 7개, 정사각형: 7개
➡ $3 \times 7 + 4 \times 7 = 49$(cm)

50cm보다 적으므로 둘레의 합이 더 긴
정사각형 수를 늘려서 다시 예상합니다.
정삼각형: 6개, 정사각형: 8개
➡ $3 \times 6 + 4 \times 8 = 50$(cm)
따라서 정삼각형은 6개, 정사각형은 8개
그렸습니다.

〈표 만들기〉

| 정삼각형 수(개) | 5 | 6 | 7 |
|---|---|---|---|
| 정사각형 수(개) | 9 | 8 | 7 |
| 둘레의 합(cm) | 51 | 50 | 49 |

따라서 정삼각형은 6개, 정사각형은 8개
그렸습니다.

## 325a~325b

**1** (1) 🟡🔴🟢🟡🟡🔴

(2) 빨간색

**2** (1) 예 빨간색, 초록색, 노란색, 노란색이
반복되는 규칙입니다.

(2) 8, 1, 8, 첫

(3) 빨간색

**3** (1) 4, 8, 16, 32, 64, 128, 256

(2) 6

**4** (1) 4, 8, 16, 32, 64

(2) 예 곱의 일의 자리 숫자가 2, 4, 8, 6으로
4개의 숫자가 되풀이되는 규칙입니다.

(3) 6

## 326a~326b

**1** (1) 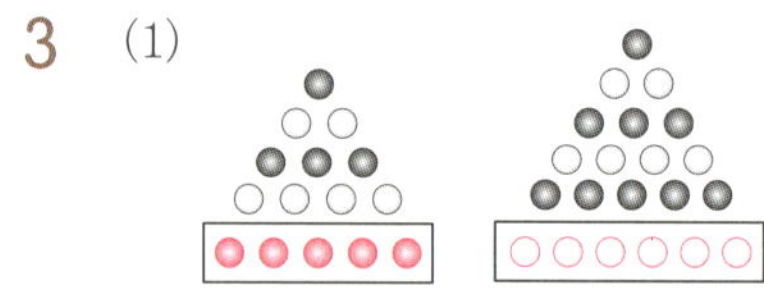 (2) (3) 20개

**2** (1) 5, 9, 14 (2) 20개

풀이 (2) 대각선은 3개, 4개, 5개, ……씩
많아지는 규칙이므로 팔각형 안에 그을 수
있는 대각선은 $14 + 6 = 20$(개)입니다.

**3** (1)

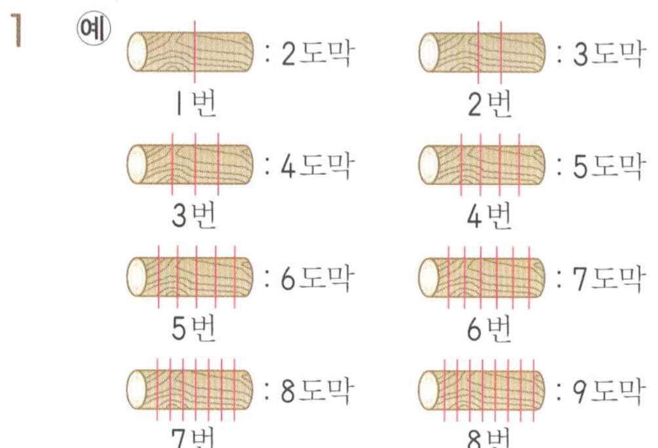

(2) 9개, 12개

**4** (1) (위에서부터) 3, 3, 3, 5 / 4, 4

(2) 9개, 12개

풀이 (2) 6번째에는 검은 바둑돌이
$1 + 3 + 5 = 9$(개), 흰 바둑돌이
$2 + 4 + 6 = 12$(개) 놓입니다.

## 327a~327b

**1** 예

| | | |
|---|---|---|
| : 2도막 (1번) | : 3도막 (2번) |
| : 4도막 (3번) | : 5도막 (4번) |
| : 6도막 (5번) | : 7도막 (6번) |
| : 8도막 (7번) | : 9도막 (8번) |

따라서 통나무는 8번 잘랐습니다.
/ 8번

**2** 예 1번 ➡ 2도막
2번 ➡ 3도막
3번 ➡ 4도막
⋮
□번 ➡ (□+1)도막

통나무가 9도막이 되었으므로 통나무는
$\square+1=9$, $\square=8$(번) 잘랐습니다.
/ 8번

**3** 5번

 〈실제로 해 보기〉

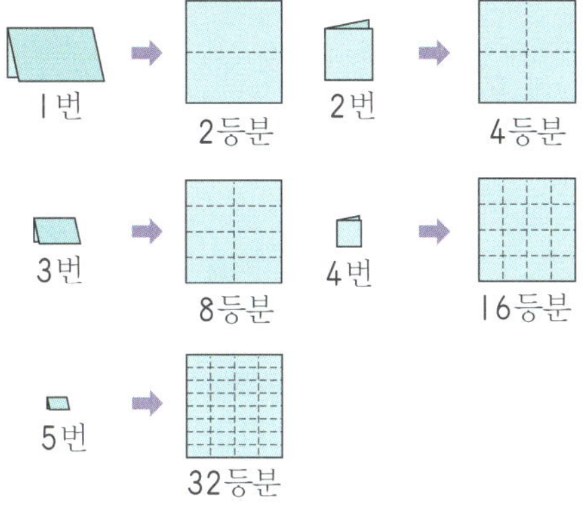

따라서 색종이는 5번 접었습니다.
〈규칙 찾기〉
색종이를 1번 접으면 2등분, 2번 접으면 4
등분, 3번 접으면 8등분으로 등분된 칸이
2배가 됩니다.

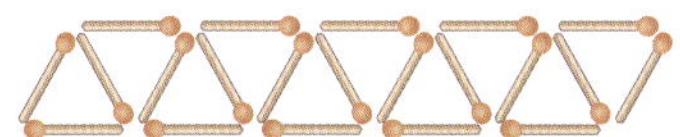

따라서 색종이는 5번 접었습니다.

**4** 21개

풀이 〈실제로 해 보기〉
정삼각형이 10개가 될 때까지 성냥개비를
놓아봅니다.

따라서 정삼각형 10개를 만들려면 성냥개
비는 21개 필요합니다.
〈규칙 찾기〉

| 정삼각형 수(개) | 1 | 2 | 3 |
|---|---|---|---|
| 성냥개비 수(개) | 3 | $3+2\times1$ | $3+2\times2$ |

정삼각형이 1개씩 늘어나면 성냥개비는 2
개씩 늘어납니다. 따라서 정삼각형 10개를
만들려면 성냥개비는 $3+2\times9=21$(개)
필요합니다.

**5** 14개

풀이 〈실제로 해 보기〉

5번째      6번째

7번째

따라서 7번째에 붙이는 붙임 딱지는 모두
14개입니다.
〈규칙 찾기〉

| 순서(번째) | 1 | 2 | 3 |
|---|---|---|---|
| 붙임 딱지 수(개) | 2 | $2+2\times1$ | $2+2\times2$ |

따라서 7번째에 붙이는 붙임 딱지는 모두
$2+2\times6=14$(개)입니다.

**328a~328b**    **창의력 학습**

**a** (1) 600원 (2) 1400원

풀이 (1)

➡ 600원

(2)

➡ 1400원

**b** 314

풀이 341이 1스트라이크 2볼이므로 정희
는 1, 3, 4로 세 자리 수를 만들었습니다.
352가 1스트라이크이므로 정희가 만든 수
의 백의 자리 숫자는 3이고 41이 2볼이므
로 정희가 만든 수는 314입니다.

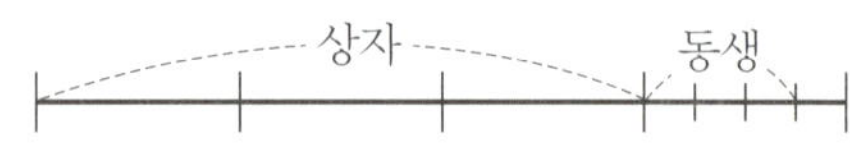



### 329a~330b  경시대회 예상문제

**1**  25개

풀이 예 문제 해결 방법 중 실제로 해 보기로 구해 봅니다.

50~100까지의 수: 55, 66, 77, 88, 99 ➡ 5개

101~200까지의 수: 101, 111, 121, ……, 181, 191 ➡ 10개

201~300까지의 수: 202, 212, 222, ……, 282, 292 ➡ 10개

따라서 맨 앞의 숫자와 맨 뒤의 숫자를 서로 바꾸어도 같은 수가 되는 수는 모두 $5+10+10=25$(개)입니다.

**2**  5번

풀이 예 문제 해결 방법 중 표 만들기로 구해 봅니다.

| 이긴 횟수(번) | 6 | 5 | 5 | 5 |
|---|---|---|---|---|
| 진 횟수(번) | 0 | 2 | 1 | 0 |
| 비긴 횟수(번) | 1 | 0 | 1 | 2 |
| 점수(점) | 23 | 16 | 17 | 18 |

따라서 승유는 5번 이겼습니다.

**3**  문제 해결 방법 중 그림 그리기로 구해 봅니다.

선분 ㄱㄴ에 점 ㄷ과 점 ㄹ을 표시하면 다음과 같습니다.

선분 ㄱㄴ의 길이는 선분 ㄷㄹ의 길이의 6배이므로 (선분 ㄱㄴ)$=3.5\times6=21$(cm)입니다.

[답] 21cm

| 평가 기준 | |
|---|---|
| 상 | 선분 ㄱㄴ에 점 ㄷ, 점 ㄹ을 표시하고 선분 ㄱㄴ의 길이를 바르게 구한 경우 |
| 중 | 선분 ㄱㄴ에 점 ㄷ, 점 ㄹ을 표시하였으나 선분 ㄱㄴ의 길이를 구하지 못한 경우 |
| 하 | 풀이 과정과 답을 구하지 못한 경우 |

**4**  240cm

풀이 예 문제 해결 방법 중 그림 그리기로 구해 봅니다.

남은 철사는 전체의 $\frac{1}{16}$입니다. $\frac{1}{16}$이 15cm이므로 경수가 처음에 가지고 있던 철사는 $15\times16=240$(cm)입니다.

**5**  110cm

풀이 예 문제 해결 방법 중 식 만들기로 구해 봅니다.

가 도막의 길이를 ($\square-10$)cm, 나 도막의 길이를 $\square$cm, 다 도막의 길이를 ($\square+23$)cm라고 하면

$\square-10+\square+\square+23=343$,

$3\times\square+13=343$, $3\times\square=330$,

$\square=330\div3=110$

따라서 나 도막은 110cm입니다.

**6**  $\frac{25}{32}$배

풀이 예 문제 해결 방법 중 식 만들기로 구해 봅니다.

(처음 꽃밭의 넓이)$=40\times40$
$=1600(\text{m}^2)$

(새로 만든 꽃밭의 가로)$=40-40\times\frac{3}{8}$
$=25(\text{m})$

(새로 만든 꽃밭의 세로)$=40+40\times\frac{2}{8}$
$=50(\text{m})$

(새로 만든 꽃밭의 넓이)$=25\times50$
$=1250(\text{m}^2)$

따라서 새로 만든 꽃밭의 넓이는 처음 꽃밭의 넓이의 $\frac{1250}{1600}=\frac{25}{32}$(배)입니다.

**7**  7가지

풀이 예 문제 해결 방법 중 표 만들기로 구해 봅니다.

| 3점(개) | 3 | 2 | 2 | 1 | 1 | 1 | 0 | 0 | 0 | 0 |
|---|---|---|---|---|---|---|---|---|---|---|
| 5점(개) | 0 | 1 | 0 | 2 | 1 | 0 | 3 | 2 | 1 | 0 |
| 7점(개) | 0 | 0 | 1 | 0 | 1 | 2 | 0 | 1 | 2 | 3 |
| 점수(점) | 9 | 11 | 13 | 13 | 15 | 17 | 15 | 17 | 19 | 21 |

따라서 얻을 수 있는 점수는 모두 9, 11, 13, 15, 17, 19, 21로 모두 7가지입니다.

**8** 27, 28, 29

**풀이** **예** 문제 해결 방법 중 예상하고 확인하기로 구해 봅니다.

연속된 세 자연수의 곱의 일의 자리 숫자가 4가 되려면 세 자연수의 일의 자리 숫자가 각각 2, 3, 4 또는 7, 8, 9이어야 합니다.

$20 \times 20 \times 20 = 8000$,

$30 \times 30 \times 30 = 27000$이므로 세 자연수의 십의 자리 숫자는 2입니다.

$22 \times 23 \times 24 = 12144(\times)$,

$27 \times 28 \times 29 = 21924(\bigcirc)$

따라서 세 자연수는 27, 28, 29입니다.

**9** 16개

**풀이** **예** 문제 해결 방법 중 표 만들기로 구해 봅니다.

| 동생에게 준 색깔별 구슬 수(개) | 5 | 6 | 7 | 8 |
|---|---|---|---|---|
| 남은 파란색 구슬 수(개) | 26 | 25 | 24 | 23 |
| 남은 노란색 구슬 수(개) | 95 | 94 | 93 | 92 |

남은 노란색 구슬의 수가 파란색 구슬의 수의 4배가 되는 경우는 진영이가 동생에게 색깔별로 8개씩 주었을 때입니다. 따라서 진영이가 동생에게 준 구슬은 모두 $8 + 8 = 16$(개)입니다.

**10** 문제 해결 방법 중 규칙 찾기로 구해 봅니다.

(1), (1, 3), (1, 3, 5), (1, 3, 5, 7), (1, 3, 5, 7, 9), ……의 규칙으로 수를 늘어놓은 것입니다.

따라서

$1 + 2 + 3 + 4 + 5 + 6 + 7 + 8 = 36$이고 1, 3이므로 38번째에는 3이 놓입니다.

[답] 3

| 평가 기준 | |
|---|---|
| 상 | 수의 규칙을 찾고 38번째에 놓일 수를 바르게 구한 경우 |
| 중 | 수의 규칙을 찾았으나 38번째에 놓일 수를 구하지 못한 경우 |
| 하 | 풀이 과정과 답을 구하지 못한 경우 |

**11** 29도막

**풀이** **예** 문제 해결 방법 중 규칙 찾기로 구해 봅니다.

| 자른 횟수(번) | 1 | 2 | 3 | 4 |
|---|---|---|---|---|
| 도막 수(도막) | 5 | $5+4\times1$ | $5+4\times2$ | $5+4\times3$ |

따라서 철사를 7번 자르면

$5 + 4 \times 6 = 29$(도막)으로 나누어집니다.

**12** 28개

**풀이** **예** 문제 해결 방법 중 규칙 찾기로 구해 봅니다.

2번까지 이을 때 직선끼리 만나서 생기는 점: 1개

3번까지 이을 때 직선끼리 만나서 생기는 점: $1 + 2 = 3$(개)

4번까지 이을 때 직선끼리 만나서 생기는 점: $1 + 2 + 3 = 6$(개)

5번까지 이을 때 직선끼리 만나서 생기는 점: $1 + 2 + 3 + 4 = 10$(개)

따라서 번호가 1씩 커질 때마다 만나서 생기는 점은 1, 2, 3, ……씩 늘어나므로 8번까지 이을 때 직선끼리 만나서 생기는 점은 $1 + 2 + 3 + 4 + 5 + 6 + 7 = 28$(개)입니다.

### 331a~333b

**1** 7 : 4

**풀이** 원숭이는 7마리, 토끼는 4마리 있습니다.

(원숭이의 수) : (토끼의 수) $= 7 : 4$

**2** (1)—ⓒ (2)—ⓐ

**3** 3 : 8

**풀이** (색칠한 부분) : (전체) $= 3 : 8$

**4** ⓒ

**풀이** ⓐ 12와 9의 비는 12 : 9입니다.

ⓒ 3 : 5는 5에 대한 3의 비입니다.

**5** 11 : 32

풀이 (안경을 쓰지 않은 학생 수)$=32-21$
$=11$(명)

➡ (안경을 쓰지 않은 학생 수) : (전체 학생 수)$=11 : 32$

**6** (위에서부터) 11, 25, $\dfrac{11}{25}$ / 11, 14, $\dfrac{11}{14}$ /

14, 11, $1\dfrac{3}{11}$

**7** ㄹ

풀이 ㉠ 8 : 12 ➡ 비교하는 양: 8
㉡ 8 : 21 ➡ 비교하는 양: 8
㉢ 8 : 9 ➡ 비교하는 양: 8
㉣ 15 : 8 ➡ 비교하는 양: 15

**8** $\dfrac{8}{25}$, 0.32

풀이 (색칠한 부분) : (전체)$=8 : 25$

➡ $\dfrac{8}{25}=0.32$

**9** $\dfrac{13}{20}$, 0.65

풀이 (연필 수) : (색연필 수)$=13 : 20$

➡ $\dfrac{13}{20}=0.65$

**10** 75%

풀이 (색칠한 부분) : (전체)$=3 : 4$

➡ $\dfrac{3}{4}=\dfrac{75}{100}$ ➡ 75%

**11** <

풀이 $\dfrac{31}{50}=\dfrac{62}{100}$ ➡ 62%

➡ $\dfrac{31}{50}$ < 63%

**12** ㄹ

풀이 ㉣ 36% ➡ $\dfrac{36}{100}=\dfrac{9}{25}$

**13** 52%

풀이 케이크의 $\dfrac{12}{25}$ 만큼 먹었으므로 현중이

가 먹고 남은 케이크는 전체의 $\dfrac{13}{25}$ 입니다.

따라서 현중이가 먹고 남은 케이크는 전체
의 $\dfrac{13}{25}=\dfrac{52}{100}$ ➡ 52%입니다.

**14** 15600원

풀이 (인형의 할인 금액)

$=24000 \times \dfrac{35}{100}$

$=8400$(원)
(윤희가 산 인형의 금액)
$=24000-8400$
$=15600$(원)

**15** 5할7푼5리

풀이 23 : 40 ➡ $\dfrac{23}{40}=0.575$

➡ 5할7푼5리

**16** 2할5푼

풀이 (색칠한 부분) : (전체)$=2 : 8$

➡ $\dfrac{2}{8}=0.25$

➡ 2할5푼

**17** <

풀이 4할6리 ➡ 0.406, $\dfrac{52}{125}=0.416$

➡ 4할6리 < $\dfrac{52}{125}$

**18** ㄷ

풀이 ㉠ 17.5% ➡ 0.175
㉡ $\dfrac{7}{40}$ ➡ 0.175
㉢ 17할5푼 ➡ 1.75

**19** 6할

풀이 $\dfrac{9}{15}=0.6$

➡ 6할

**20** 6할2푼5리

풀이 $\dfrac{15}{24}=0.625$

➡ 6할2푼5리

## 334a~336b

**1** (예)

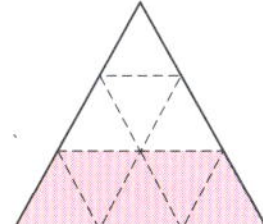

**2** ㉡, ㉠, ㉢

**풀이** ㉠ □＝16 ㉡ □＝15 ㉢ □＝17

➡ 15＜16＜17

**3** 12 : 48

**풀이** (정사각형의 둘레)＝12×4
＝48(cm)

➡ (한 변) : (둘레)＝12 : 48

**4** 21 : 35

**풀이** 사탕을 전체의 $\dfrac{2}{5}$ 만큼 친구에게 주

었으므로 남은 사탕은 전체의 $\dfrac{3}{5}$ 입니다.

(남은 사탕 수)＝$35×\dfrac{3}{5}＝21$(개)

➡ (남은 사탕 수) : (전체 사탕 수)
＝21 : 35

**5** ㉢

**6** ㉡

**풀이** ㉡ 27의 50에 대한 비 ➡ 27 : 50

➡ $\dfrac{27}{50}＝0.54$

**7** ㉡, ㉠, ㉢

**풀이** ㉠ 19 : 50 ➡ $\dfrac{19}{50}＝0.38$

㉡ 6의 15에 대한 비 ➡ 6 : 15

➡ $\dfrac{6}{15}＝0.4$

㉢ 125에 대한 46의 비 ➡ 46 : 125

➡ $\dfrac{46}{125}＝0.368$

➡ ㉡＞㉠＞㉢

**8** $\dfrac{9}{20}$, 0.45

**풀이** (전체 학생 수)＝54＋66＝120(명)
(남학생 수) : (전체 학생 수)＝54 : 120

➡ $\dfrac{54}{120}＝\dfrac{9}{20}＝0.45$

**9** 자두

**풀이** (남은 사과 수)＝25－11＝14(개)
(남은 사과 수) : (전체 사과 수)＝14 : 25

➡ $\dfrac{14}{25}＝0.56$

(남은 자두 수)＝40－13＝27(개)
(남은 자두 수) : (전체 자두 수)＝27 : 40

➡ $\dfrac{27}{40}＝0.675$

따라서 처음에 있었던 각각의 과일에 대하여 먹고 남은 과일의 비율이 더 높은 것은 자두입니다.

**10** (예)

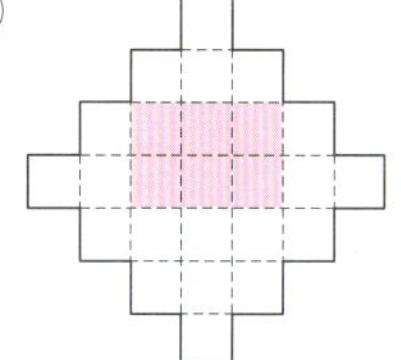

**풀이** 24% ➡ $\dfrac{24}{100}＝\dfrac{6}{25}$

따라서 25칸 중에서 6칸을 색칠합니다.

**11** ㉡

**풀이** ㉠ $\dfrac{21}{50}＝\dfrac{42}{100}$ ➡ 42%

㉡ 32%

㉢ $\dfrac{7}{20}＝\dfrac{35}{100}$ ➡ 35%

㉣ $0.375＝\dfrac{375}{1000}$ ➡ 37.5%

**12** 4

**풀이** 75% ➡ $\dfrac{75}{100}＝\dfrac{3}{4}$

★에 대한 3의 비 ➡ 3 : ★ ➡ $\dfrac{3}{★}$

따라서 ★＝4입니다.

**13** 147m²

**풀이** 전체의 65%에 장미를 심었으므로 튤립을 심은 꽃밭은 전체의 35%입니다.

(튤립을 심은 꽃밭)＝$420×\dfrac{35}{100}$
＝147(m²)

※해답은 따로 보관하고 있다가 채점할 때 사용해 주세요.

**14** 46800원

> **풀이** (4%의 이익)$=45000\times\dfrac{4}{100}$
> $\qquad\qquad\quad=1800$(원)
> (운동화의 정가)$=45000+1800$
> $\qquad\qquad\qquad\quad=46800$(원)

**15** (위에서부터) $\dfrac{2}{5}$, 0.4, 40%, 4할 /
$1\dfrac{11}{20}$, 1.55, 155%, 15할5푼

**16** ㉡, ㉠, ㉣, ㉢

> **풀이** ㉠ 0.548
> ㉡ 5할4리 ➡ 0.504
> ㉢ 61% ➡ 0.61
> ㉣ $\dfrac{73}{125}=0.584$
> ➡ ㉡<㉠<㉣<㉢

**17** ㈜

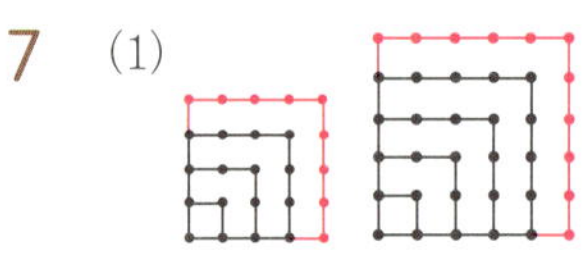

> **풀이** 1할5푼 ➡ $0.15=\dfrac{15}{100}=\dfrac{3}{20}$
> 따라서 20칸 중에서 3칸을 색칠합니다.

**18** 2할7푼5리

> **풀이** $\dfrac{33}{120}=0.275$ ➡ 2할7푼5리

**19** 7266000원

> **풀이** 3푼8리 ➡ 0.038
> (이자)$=7000000\times0.038$
> $\qquad\quad=266000$(원)
> 따라서 1년 뒤에 통장에 돈은
> $7000000+266000=7266000$(원)이
> 됩니다.

**337a~339b**

**1** (1) 97 (2) 101 (3) 105 (4) 52쪽, 53쪽

**2** (1) (위에서부터) 47, 49, 51, 53, 55 /
93, 97, 101, 105, 109
(2) 52쪽, 53쪽

**3** (1) 오리, 돼지 (2) 23마리
(3) 23마리 (4) 92마리

**4** (1) ● ×4 (2) 4, 5, 23 (3) 92마리

**5** (1) 86000원
(2) 많으므로에 ○표, 어린이에 ○표
(3) 83500원 (4) 4명, 17명

**6** (1) (위에서부터) 19, 18, 17, 16 / 78500,
81000, 83500, 86000
(2) 4명, 17명

**7** (1)

(2) 36개

**8** (1) ㈜ 점의 수가 3개, 5개, 7개, ……씩 늘
어나는 규칙입니다.
(2) 36개

> **풀이** (2) 5번째에는 점이 $16+9=25$(개)
> 있고, 6번째에는 점이 $25+11=36$(개)
> 있습니다.

**9** ㈜

한 변이 63cm인 정사각형을 가로와 세로
의 비가 9 : 7이 되도록 하기 위하여 가로
와 세로를 각각 9등분합니다. 9등분한 것
중의 하나는 7cm이므로 가장 큰 직사각
형을 만들려면 가로는 63cm, 세로는
49cm로 해야 합니다.
/ 가로: 63cm, 세로: 49cm

**10** ㈜ 가로와 세로의 비가 9 : 7일 때, 가로를
1로 한다면 세로는 $7\div9=\dfrac{7}{9}$입니다. 따
라서 가장 큰 직사각형을 만들려면 가로는
63cm, 세로는 $\dfrac{7}{9}\times63=49$(cm)로 해

야 합니다.
/ 가로: 63cm, 세로: 49cm

11 **(예)** 식탁을 7개라고 예상하면 30명이 앉을 수 있습니다. 26명보다 많으므로 식탁 수를 줄여서 예상합니다. 식탁을 6개라고 예상하면 26명이 앉을 수 있습니다. 따라서 26명이 앉으려면 식탁은 6개 필요합니다.
/ 6개

12 **(예)**

| 식탁 수(개) | 1 | 2 | 3 | 4 | 5 | 6 |
|---|---|---|---|---|---|---|
| 사람 수(명) | 6 | 10 | 14 | 18 | 22 | 26 |

따라서 26명이 앉으려면 식탁은 6개 필요합니다.
/ 6개

---

### 340a~342b

1 **(예)** 6모둠 모두 5명이라 생각하고 초콜릿을 5개씩 주면 초콜릿은 2개가 남습니다. 남은 초콜릿을 한 모둠에 1개씩 두 모둠에 주게 되므로 5명인 모둠은 4모둠, 6명인 모둠은 2모둠입니다.
/ 4모둠, 2모둠

2 **(예)**

| 5명인 모둠의 수(모둠) | 1 | 2 | 3 | 4 | 5 |
|---|---|---|---|---|---|
| 6명인 모둠의 수(모둠) | 5 | 4 | 3 | 2 | 1 |
| 초콜릿 수(개) | 35 | 34 | 33 | 32 | 31 |

따라서 5명인 모둠은 4모둠, 6명인 모둠은 2모둠입니다.
/ 4모둠, 2모둠

3 **(예)**

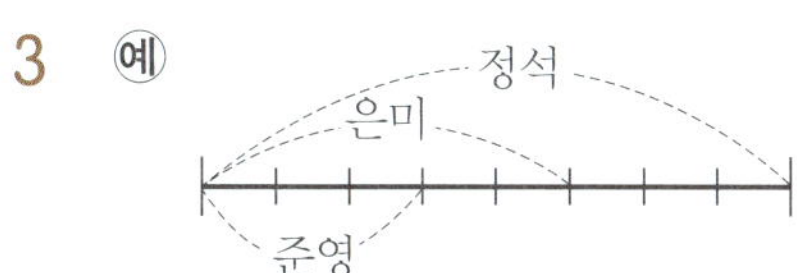


72를 8등분한 것 중의 하나는 9개이므로

준영이가 가지고 있는 붙임 딱지는
$9 \times 3 = 27$(개)입니다.
/ 27개

4 **(예)** (은미가 가지고 있는 붙임 딱지 수)
$$= 72 \times \frac{5}{8}$$
$$= 45(개)$$
(준영이가 가지고 있는 붙임 딱지 수)
$$= 45 \times \frac{3}{5}$$
$$= 27(개)$$
/ 27개

5 **(예)** 병택이가 A형이고 명규가 B형이므로 지희와 인영이의 혈액형은 AB형 또는 O형입니다. 그런데 지희가 O형이 아니므로 지희의 혈액형은 AB형이고 인영이의 혈액형은 O형입니다.
/ 지희: AB형, 인영: O형

6 **(예)**

|  | A | B | AB | O |
|---|---|---|---|---|
| 병택 | ○ | × | × | × |
| 지희 | × | × | ○ | × |
| 명규 | × | ○ | × | × |
| 인영 | × | × | × | ○ |

따라서 지희의 혈액형은 AB형이고 인영이의 혈액형은 O형입니다.
/ 지희: AB형, 인영: O형

7 **(예)** 정육각형이 7개가 될 때까지 성냥개비를 놓아봅니다.

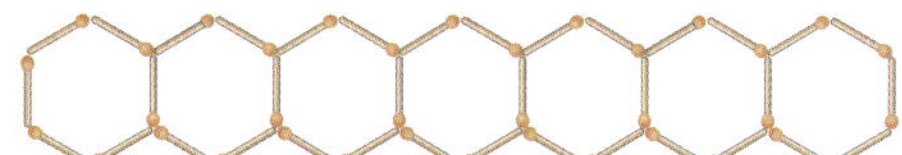

따라서 정육각형 7개를 만들려면 성냥개비는 36개 필요합니다.
/ 36개

8 **(예)**

| 정육각형 수(개) | 1 | 2 | 3 |
|---|---|---|---|
| 성냥개비 수(개) | 6 | 6+5×1 | 6+5×2 |

정육각형이 1개씩 늘어나면 성냥개비는 5개씩 늘어납니다. 따라서 정육각형 7개를 만들려면 성냥개비는 $6 + 5 \times 6 = 36$(개) 필요합니다.

9 예

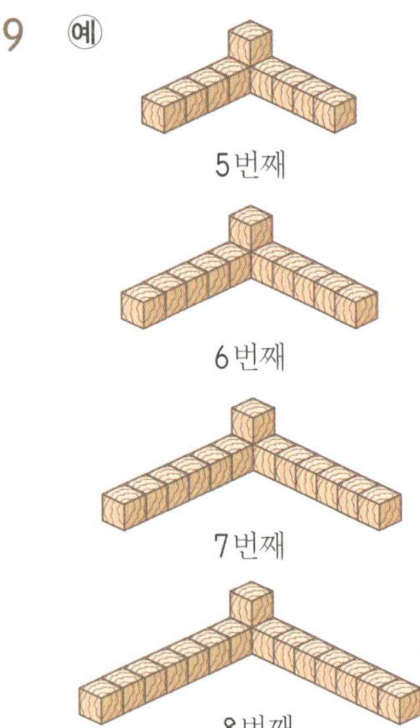

5번째

6번째

7번째

8번째

따라서 8번째에는 쌓기나무가 16개 필요
합니다.
/ 16개

10 예

| 순서(번째) | 1 | 2 | 3 |
|---|---|---|---|
| 쌓기나무 수(개) | 2 | 2+2×1 | 2+2×2 |

따라서 8번째에는 쌓기나무가
$2+2×7=16$(개) 필요합니다.
/ 16개

11 3년 후

풀이 〈실제로 해 보기〉
올해 진우, 형, 동생의 나이의 합이 37살,
어머니의 나이가 43살입니다. 1년 후에는
각각 40살, 44살이 되므로 같지 않습니
다. 2년 후에는 각각 43살, 45살이 되므
로 같지 않습니다. 3년 후에는 각각 46살,
46살이 되므로 같습니다.
따라서 진우, 형, 동생의 나이의 합과 어머
니의 나이가 같아지는 때는 올해부터 3년
후입니다.
〈표 만들기〉

| 몇 년 후 | 1 | 2 | 3 |
|---|---|---|---|
| 진우, 형, 동생의 나이의 합(살) | 40 | 43 | 46 |
| 어머니의 나이(살) | 44 | 45 | 46 |

따라서 진우, 형, 동생의 나이의 합과 어머

니의 나이가 같아지는 때는 올해부터 3년
후입니다.

12 15개

풀이 〈그림 그리기〉

오빠 ├──────────┤
채경 ├────────────┤ 3개

오빠: $(27-3)÷2=12$(개)
채경: $12+3=15$(개)
따라서 채경이는 15개를 먹게 됩니다.
〈식 만들기〉
채경이가 먹을 떡의 수를 □개라고 하면
오빠가 먹을 떡의 수는 (□−3)개입니다.
□+□−3=27, 2×□=30, □=15
따라서 채경이는 15개를 먹게 됩니다.

13 7개, 4개

풀이 〈예상하고 확인하기〉
정오각형 1개의 둘레는 10cm, 정육각형 1
개의 둘레는 12cm입니다.
정오각형: 8개, 정육각형: 3개
➡ $10×8+12×3=116$(cm)
118cm보다 적으므로 둘레의 합이 더 긴
정육각형 수를 늘려서 다시 예상합니다.
정오각형: 7개, 정육각형: 4개
➡ $10×7+12×4=118$(cm)
따라서 정오각형은 7개, 정육각형은 4개
그렸습니다.
〈표 만들기〉

| 정오각형 수(개) | 6 | 7 | 8 |
|---|---|---|---|
| 정육각형 수(개) | 5 | 4 | 3 |
| 둘레의 합(cm) | 120 | 118 | 116 |

따라서 정오각형은 7개, 정육각형은 4개
그렸습니다.

343a~343b　창의력 학습

a 형욱

**풀이** (우진이의 표준 체중)
$=(151-100)\times0.9=45.9$(kg)
우진이의 비만 체중 범위는
$45.9\times1.2=55.08$(kg) 이상이고 우진이는 50kg이므로 비만이 아닙니다.
(형욱이의 표준 체중)
$=(140-100)\times0.9=36$(kg)
형욱이의 비만 체중 범위는
$36\times1.2=43.2$(kg) 이상이고 형욱이는 44kg이므로 비만입니다.

b

| 3 | 2 | 4 | 1 |
|---|---|---|---|
| 4 | 1 | 3 | 2 |
| 2 | 4 | 1 | 3 |
| 1 | 3 | 2 | 4 |

**풀이**

| 3 | ㉠ | ㉡ | ㉢ |
|---|---|---|---|
| ㉣ | 1 | 3 | ㉤ |
| 2 | ㉥ | ㉦ | ㉧ |
| 1 | ㉨ | ㉩ | 4 |

- ㉣이 있는 세로줄에서 ㉣=4입니다.
- ㉠이 있는 작은 상자에서 ㉠=2입니다.
- ㉡, ㉢이 있는 가로줄에서 ㉡, ㉢은 1 또는 4인데 ㉢이 있는 세로줄에 4가 있으므로 ㉡=4, ㉢=1입니다.
- ㉤이 있는 가로줄에서 ㉤=2입니다.
- ㉧이 있는 세로줄에서 ㉧=3입니다.
- ㉥, ㉦이 있는 가로줄에서 ㉥, ㉦은 1 또는 4인데 ㉥이 있는 세로줄에 1이 있고, ㉦이 있는 세로줄에 4가 있으므로 ㉥=4, ㉦=1입니다.
- ㉨, ㉩이 있는 각각의 세로줄에서 ㉨=3, ㉩=2입니다.

**344a~345b  경시대회 예상문제**

1  48 : 55

---

**풀이** (정오각형의 둘레)$=11\times5$
$=55$(cm)
(정육각형의 둘레)$=8\times6=48$(cm)
➡ (정육각형의 둘레) : (정오각형의 둘레)
$=48 : 55$

2  700명
**풀이** 경쟁률은 (지원한 사람 수) : (채용 인원 수)이므로 지원한 사람 수에 대한 채용한 인원 수의 비율은 $\frac{1}{20}$입니다.
(채용 인원 수)$=$(지원한 사람 수)$\times\frac{1}{20}$
(지원한 사람 수)$=$(채용 인원 수)$\times20$
$=35\times20=700$(명)

3  14560원
**풀이** (인형 한 개의 판매 이익금)
$=13000\times0.14=1820$(원)
➡ (인형 8개의 판매 이익금)
$=1820\times8=14560$(원)

4  가방
**풀이** (구두의 할인 금액)
$=85000-68000=17000$(원)
구두의 할인율: $\frac{17000}{85000}=\frac{20}{100}$
➡ 20%
(치마의 할인 금액)$=54000-45900$
$=8100$(원)
치마의 할인율: $\frac{8100}{54000}=\frac{15}{100}$
➡15%
(가방의 할인 금액)$=118000-88500$
$=29500$(원)
가방의 할인율: $\frac{29500}{118000}=\frac{25}{100}$
➡25%
따라서 할인율이 가장 높은 품목은 가방입니다.

5  (밑변)$=920\div23=40$(cm)
(밑변에 대한 높이의 비율)$=\frac{23}{40}=0.575$
➡ 5할7푼5리
[답] 5할7푼5리

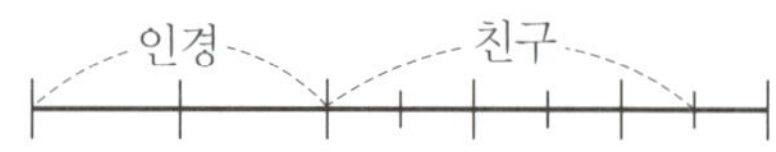

| 평가 기준 | |
| --- | --- |
| 상 | 밑변의 길이를 구하고 밑변에 대한 높이의 비율을 할푼리로 바르게 나타낸 경우 |
| 중 | 밑변의 길이를 구했으나 밑변에 대한 높이의 비율을 할푼리로 나타내지 못한 경우 |
| 하 | 풀이 과정과 답을 구하지 못한 경우 |

**6** 0.25

풀이 (용준이가 접은 종이학 수)
$=360 \times 0.6 = 216$(개)
(윤정이가 접은 종이학 수)
$=(360-216) \times 0.375 = 54$(개)
(희진이가 접은 종이학 수)
$=360-(216+54)=90$(개)
따라서 전체 종이학 수에 대한 희진이가
접은 종이학 수의 비율은 $\dfrac{90}{360}=0.25$입
니다.

**7** 10가지

풀이 예 문제 해결 방법 중 실제로 해 보
기로 구해 봅니다.
5의 배수가 되려면 일의 자리 숫자가 0 또
는 5이어야 합니다.
일의 자리 숫자가 0인 경우: 250, 290,
520, 590, 920, 950 ➡ 6가지
일의 자리 숫자가 5인 경우: 205, 295,
905, 925 ➡ 4가지
따라서 5의 배수인 세 자리 수는 모두 10
가지입니다.

**8** 1800회

풀이 예 문제 해결 방법 중 식 만들기로
구해 봅니다.
매일 10회씩 늘려서 줄넘기를 하였으므로
1일에 50회, 2일에 60회, 3일에 70회,
……, 13일에 170회, 14일에 180회, 15
일에 190회를 하였습니다.

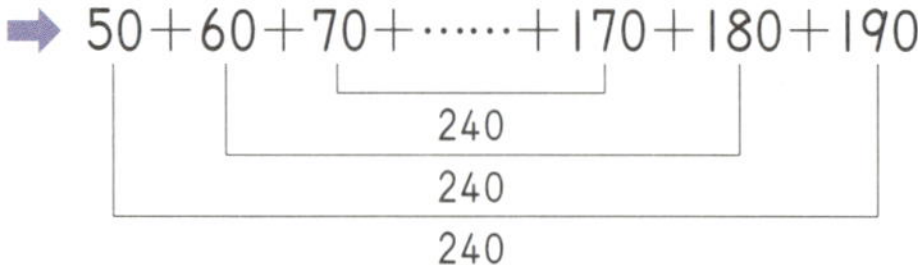

➡ $50+60+70+\cdots\cdots+170+180+190$
$=240 \times 7 + 120 = 1800$(회)

**9** 2kg

풀이 예 문제 해결 방법 중 그림 그리기로
구해 봅니다.

남은 떡은 전체의 $\dfrac{1}{10}$입니다. $\dfrac{1}{10}$이 200g
이므로 인경이가 처음에 가지고 있던 떡은
$200 \times 10 = 2000$(g)$=2$(kg)입니다.

**10** 12개, 7개, 5개

풀이 예 문제 해결 방법 중 표 만들기로
구해 봅니다.
우정이가 영어 시험에서 맞힌 문제 수는
24개이고, 2점짜리를 맞힌 문제 수가 3점
짜리와 4점짜리를 맞힌 문제 수의 합과 같
으므로 2점짜리는 12개 맞힌 것입니다. 우
정이가 맞힌 3점짜리와 4점짜리 문제의
점수의 합은 41점이 되어야 합니다.

| 3점짜리(개) | 5 | 6 | 7 | 8 |
| --- | --- | --- | --- | --- |
| 4점짜리(개) | 7 | 6 | 5 | 4 |
| 점수(점) | 43 | 42 | 41 | 40 |

따라서 우정이는 영어 시험에서 2점짜리
문제 12개, 3점짜리 문제 7개, 4점짜리 문
제 5개를 맞혔습니다.

**11** 31, 32, 33

풀이 예 문제 해결 방법 중 예상하고 확인
하기로 구해 봅니다.
연속된 세 자연수의 곱의 일의 자리 숫자
가 6이 되려면 세 자연수의 일의 자리 숫
자가 각각 1, 2, 3 또는 6, 7, 8이어야 합
니다.
$30 \times 30 \times 30 = 27000$,
$40 \times 40 \times 40 = 64000$이므로 세 자연수
의 십의 자리 숫자는 3입니다.
$31 \times 32 \times 33 = 32736$(○),
$36 \times 37 \times 38 = 50616$(×)
따라서 세 자연수는 31, 32, 33입니다.

**12** 문제 해결 방법 중 규칙 찾기로 구해 봅니다.

| 순서(번째) | 1 | 2 | 3 | 4 | 5 |
| --- | --- | --- | --- | --- | --- |
| 검은 바둑돌 수(개) | 1 | 1 | 1+1 | 1+1 | 1+1+1 |
| 흰 바둑돌 수(개) | 0 | 2 | 2 | 2+2 | 2+2 |

※해답은 따로 보관하고 있다가 채점할 때 사용해 주세요.

검은 바둑돌은 1개, 흰 바둑돌은 2개씩 번갈아가며 늘어나고 있으므로 9번째에는 검은 바둑돌이 $1+1+1+1+1=5$(개), 흰 바둑돌이 $2+2+2+2=8$(개) 놓입니다. 따라서 9번째에는 흰 바둑돌이 $8-5=3$(개) 더 많습니다.
[답] 흰 바둑돌, 3개

| 평가 기준 | |
| --- | --- |
| 상 | 바둑돌이 놓인 규칙을 찾고 9번째에는 무슨 색 바둑돌이 몇 개 더 많은지 바르게 구한 경우 |
| 중 | 바둑돌이 놓인 규칙을 찾았으나 9번째에는 무슨 색 바둑돌이 몇 개 더 많은지 구하지 못한 경우 |
| 하 | 풀이 과정과 답을 구하지 못한 경우 |

## 346a~346b

**1** $\dfrac{23}{100}$, 0.23

**풀이** 모눈종이는 모두 100칸이고 색칠한 부분은 23칸이므로 분수로 나타내면 $\dfrac{23}{100}$ 이고, $\dfrac{23}{100}$ 을 소수로 나타내면 0.23입니다.

**2** 4.15

**풀이** 소수와 분수가 번갈아 오는 규칙이므로 빈칸에는 소수가 와야 합니다. 모두 소수 두 자리 수로 나타내어 보면 $4.03-4.06-4.09-4.12-\square$ 로 0.03씩 커지는 규칙입니다.
➡ $\square=4.12+0.03=4.15$

**3** ㉢

**풀이** ㉢ $0.32=\dfrac{32}{100}=\dfrac{8}{25}\left(=\dfrac{16}{50}\right)$

**4** 2.75

**풀이** 가장 작은 대분수를 만들려면 자연수 부분에 가장 작은 수를 놓아야 합니다. $2<3<4$이므로 숫자 카드를 한 번씩 사용하여 만들 수 있는 가장 작은 대분수는 $2\dfrac{3}{4}$ 입니다.

➡ $2\dfrac{3}{4}=2\dfrac{75}{100}=2.75$

**5** 3.32m

**풀이** (사용하고 남은 색 테이프)
$$=4-\dfrac{17}{25}=3\dfrac{25}{25}-\dfrac{17}{25}$$
$$=3\dfrac{8}{25}=3\dfrac{32}{100}=3.32(\text{m})$$

**6** $8\dfrac{66}{125}$

**풀이** $8.528=8\dfrac{528}{1000}=8\dfrac{66}{125}$

**7** 유리

**풀이** (현준이가 사용한 찰흙)
$$=3\times\dfrac{3}{8}=\dfrac{9}{8}=1\dfrac{1}{8}(\text{kg})$$
$$1\dfrac{1}{8}=1\dfrac{125}{1000}=1.125$$
따라서 $1.125<1.2$이므로 찰흙을 유리가 더 많이 사용했습니다.

## 347a~348b

**1** $\dfrac{1}{7}$

**풀이** $1\div7=\dfrac{1}{7}$

**2** $<$

풀이 $1 \div 9 = \dfrac{1}{9}$, $1 \div 6 = \dfrac{1}{6}$

➡ $1 \div 9 \,\fbox{$<$}\, 1 \div 6$

**3** ㉣

풀이 ㉣ $10 \div 23 = \dfrac{10}{23}$

**4** $8 \div 17 = \dfrac{8}{17}$, $\dfrac{8}{17}$ L

**5** ㉢

풀이 ㉠ $\dfrac{2}{9} \div 10 = \dfrac{2}{9 \times 10} = \dfrac{1}{45} = \dfrac{4}{180}$

㉡ $\dfrac{4}{7} \div 6 = \dfrac{4}{7 \times 6} = \dfrac{2}{21} = \dfrac{4}{42}$

㉢ $\dfrac{12}{19} \div 3 = \dfrac{12}{19 \times 3} = \dfrac{4}{19}$

분자가 같은 분수의 크기는 분모가 작을수록 큰 수이므로 $\dfrac{4}{19} > \dfrac{4}{42} > \dfrac{4}{180}$ 입니다. 따라서 나눗셈의 몫이 가장 큰 것은 ㉢입니다.

**6** $\dfrac{2}{87}$

풀이 어떤 수를 □라고 하면

$\square \times 21 = \dfrac{14}{29}$ 입니다.

$\square = \dfrac{14}{29} \div 21 = \dfrac{14}{29 \times 21} = \dfrac{2}{87}$

따라서 어떤 수는 $\dfrac{2}{87}$ 입니다.

**7** $\dfrac{19}{80}$

풀이 ㉠ $\dfrac{9}{5} \div 6 = \dfrac{9}{5 \times 6} = \dfrac{3}{10}$

㉡ $\dfrac{13}{8} \div 26 = \dfrac{13}{8 \times 26} = \dfrac{1}{16}$

➡ ㉠ $-$ ㉡ $= \dfrac{3}{10} - \dfrac{1}{16} = \dfrac{24}{80} - \dfrac{5}{80}$

$= \dfrac{19}{80}$

**8** ㉢

풀이 ㉠ $\dfrac{8}{3} \div 2 = \dfrac{8}{3 \times 2} = \dfrac{4}{3} = 1\dfrac{1}{3} > 1$

㉡ $\dfrac{20}{9} \div 2 = \dfrac{20}{9 \times 2} = \dfrac{10}{9} = 1\dfrac{1}{9} > 1$

㉢ $\dfrac{23}{14} \div 3 = \dfrac{23}{14 \times 3} = \dfrac{23}{42} < 1$

㉣ $\dfrac{51}{16} \div 3 = \dfrac{51}{16 \times 3} = \dfrac{17}{16} = 1\dfrac{1}{16} > 1$

따라서 몫이 1보다 작은 것은 ㉢입니다.

**9** $\dfrac{25}{12} \div 5 = \dfrac{5}{12}$, $\dfrac{5}{12}$ m

**10** $\dfrac{5}{6}$

풀이 $11 \times \square = 9\dfrac{1}{6}$ 에서 $\square = 9\dfrac{1}{6} \div 11$ 입니다.

$\square = 9\dfrac{1}{6} \div 11 = \dfrac{55}{6} \div 11 = \dfrac{55}{6 \times 11} = \dfrac{5}{6}$

**11** $3\dfrac{5}{13} \div 8 = \dfrac{11}{26}$, $\dfrac{11}{26}$ cm$^2$

**12** ㉠

풀이 ㉠ $2\dfrac{5}{12} \times 4 \div 5 = \dfrac{29}{12} \times 4 \div 5$

$= \dfrac{29 \times 4}{12 \times 5} = \dfrac{29}{15}$

$= 1\dfrac{14}{15}$

㉡ $4\dfrac{2}{7} \div 5 \div 7 = \dfrac{30}{7} \div 5 \div 7$

$= \dfrac{30}{7 \times 5 \times 7} = \dfrac{6}{49}$

$\Rightarrow 1\dfrac{14}{15} > \dfrac{6}{49}$

**13** $22\dfrac{3}{4} \div 13 \times 15 = 26\dfrac{1}{4}$, $26\dfrac{1}{4}$ km

풀이 $22\dfrac{3}{4} \div 13 \times 15 = \dfrac{91}{4} \div 13 \times 15$

$= \dfrac{91 \times 15}{4 \times 13} = \dfrac{105}{4}$

$= 26\dfrac{1}{4}$ (km)

## 349a~350b

**1** 나

풀이 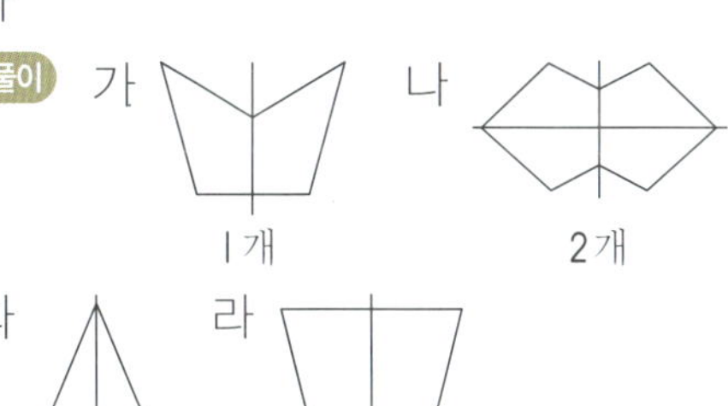


**2** 105

풀이 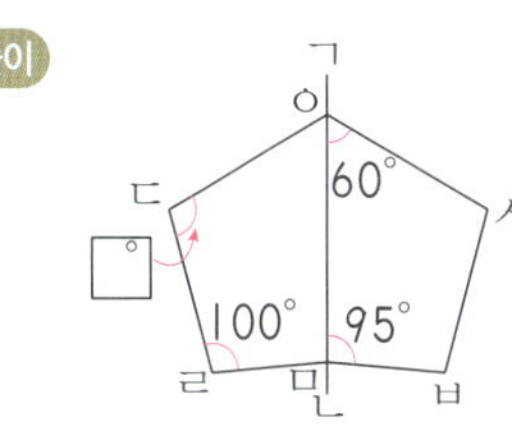


선대칭도형에서 대응각의 크기는 같으므로
(각 ㅁㅂㅅ)=(각 ㅁㄹㄷ)=100° 입니다.
□=(각 ㅇㄷㄹ)=(각 ㅇㅅㅂ)
사각형 ㅇㅁㅂㅅ에서
(각 ㅇㅅㅂ)=360°−60°−95°−100°
$= 105°$

**3** 192cm²

풀이 완성한 도형은 다음과 같습니다.

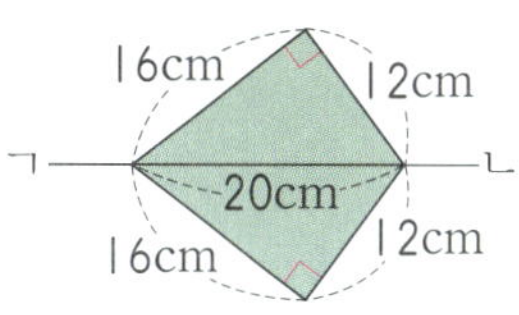


$\Rightarrow$ (사각형의 넓이)=16×12÷2×2
$= 192$(cm²)

**4**

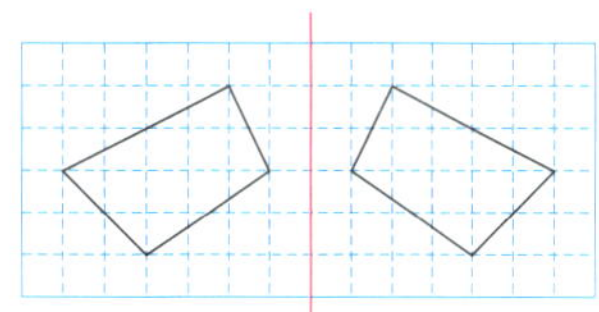

풀이 두 도형을 접었을 때 완전히 겹치도
록 선을 그립니다.

**5** 26cm

풀이 선대칭의 위치에 있는 도형은 대응
변의 길이가 같으므로 (변 ㄹㅁ)=(변 ㄱ
ㄷ)=10cm입니다.
$\Rightarrow$ (삼각형 ㄹㅁㅂ의 둘레)
$= 10+5+11 = 26$(cm)

**6**

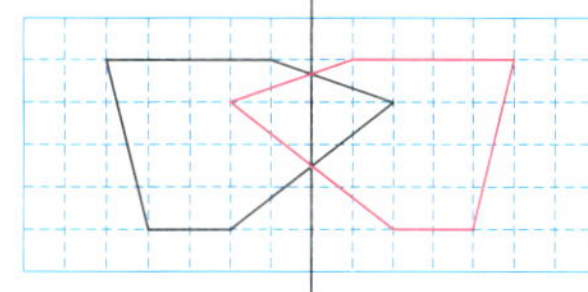

풀이 선대칭의 위치에 있는 도형을 그릴
때에는 대응점을 먼저 찾아 표시한 다음
각 대응점을 선분으로 이어 선대칭의 위치
에 있는 도형을 완성합니다.

**7**

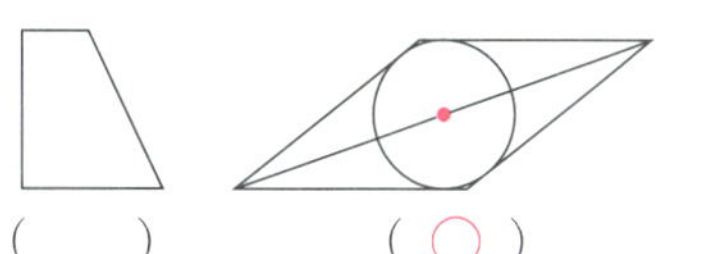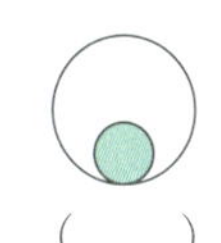

( ) ( ○ ) ( )

풀이 점대칭도형은 한 점을 중심으로
180° 돌렸을 때 처음 도형과 완전히 겹치
는 도형입니다.

**8** 100°

풀이 점대칭도형에서 대응각의 크기는 같
으므로 (각 ㄹㅁㅂ)=(각 ㄱㄴㄷ)입니다.
사각형 ㄱㄴㄷㅂ에서
(각 ㄱㄴㄷ)=360°−115°−40°−105°
$= 100°$

**9** 50cm

**풀이** 점대칭도형에서 대응변의 길이는 같고, 대응점을 이은 선분은 대칭의 중심에 의해 길이가 같게 나누어집니다.

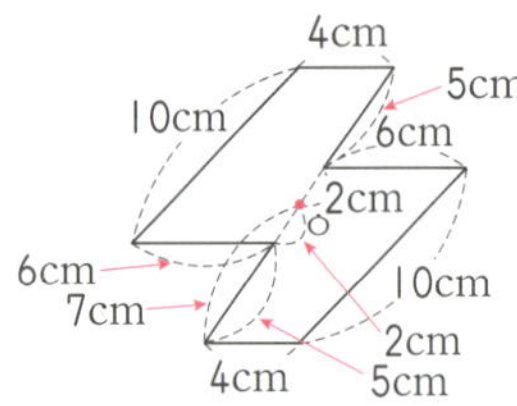

➡ (도형의 둘레)$=(10+6+5+4)\times2$
$=50$(cm)

**10**

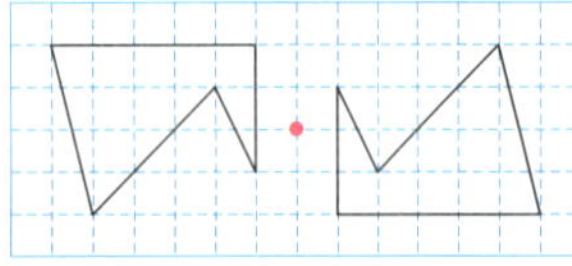

**풀이** 두 도형이 점대칭의 위치에 있는 도형이 되도록 하는 한 점을 찾아 표시합니다.

**11** 110°

**풀이** 점대칭의 위치에 있는 도형에서 대응각의 크기는 같으므로
(각 ㄱㄴㄷ)=(각 ㅁㅂㅅ)$=85°$,
(각 ㄷㄹㄱ)=(각 ㅅㅇㅁ)$=70°$ 입니다.
➡ (각 ㄴㄷㄹ)$=360°-95°-85°-70°$
$=110°$

**12** 56cm

**풀이** 점대칭의 위치에 있는 도형에서 대응변의 길이는 같고, 대응점을 이은 선분은 대칭의 중심에 의해 길이가 같게 나누어지므로 (변 ㄹㅂ)=(변 ㄱㄷ)$=24$cm,
(선분 ㅂㅅ)=(선분 ㄷㅅ)$=12$cm,
(선분 ㄹㅅ)=(선분 ㄱㅅ)$=20$cm입니다.
➡ (삼각형 ㄹㅂㅅ의 둘레)
$=24+12+20=56$(cm)

---

**351a~352b**

**1** 3.6, 14.8

**풀이** $0.9\times4=3.6$, $3.7\times4=14.8$

---

**2** ㄹ, ㄴ, ㄱ, ㄷ

**풀이** ㄱ $4.1\times6=24.6$
ㄴ $2.24\times9=20.16$
ㄷ $5.2\times7=36.4$
ㄹ $9.17\times2=18.34$
➡ ㄹ<ㄴ<ㄱ<ㄷ

**3** 3.09

**풀이** ㄱ $8.5\times3=25.5$
ㄴ $27\times0.83=22.41$
➡ ㄱ-ㄴ$=25.5-22.41=3.09$

**4** $93\times0.55=51.15$, 51.15km

**5** ㄴ

**풀이** 곱의 계산 결과의 자릿수를 알아봅니다.
ㄱ, ㄷ, ㄹ 소수 두 자리 수
ㄴ 소수 한 자리 수
따라서 계산 결과가 다른 하나는 ㄴ입니다.

**6** $\frac{1}{10}$배 또는 0.1배

**풀이** ㄱ $280\times0.65=182$
ㄴ $2.8\times650=1820$

따라서 ㄱ은 ㄴ의 $\frac{1}{10}$ 배입니다.

**7** 41

**풀이** $45\times0.41=18.45$로 소수 두 자리 수이므로 $0.45\times\square$도 소수 두 자리 수이어야 합니다. 따라서 $\square$ 안에 알맞은 수는 41입니다.

**8** ㄹ

**풀이** ㄱ $0.0381\times1000=38.1$
ㄴ $3.81\times100=381$
ㄷ $3810\times0.01=38.1$
따라서 곱의 소수점의 위치가 옳은 것은 ㄹ입니다.

**9** 825

**풀이** 어떤 수를 $\square$라고 하면
$\square\times0.01=8.25$입니다.
곱하는 수는 0.01이므로 곱해지는 수의 소수점이 왼쪽으로 두 칸 옮겨진 수가 8.25입니다. 따라서 곱해지는 수는 8.25에서 소수점이 오른쪽으로 두 칸 옮겨진 825입

니다.

**10** 0.3036

풀이 $0.92 > 0.81 > 0.7 > 0.57 > 0.33$ 이므로 가장 큰 수는 0.92이고 가장 작은 수는 0.33입니다.
➡ (가장 큰 수) × (가장 작은 수)
$= 0.92 × 0.33 = 0.3036$

**11** 7개

풀이 $0.9 × 0.036 = 0.0324$
$0.0324 < 0.03\square4$이므로 $\square$ 안에 들어갈 수 있는 자연수는 2보다 큰 3, 4, 5, 6, 7, 8, 9로 모두 7개입니다.

**12** 14.508

풀이 $\square ÷ 5.2 = 2.79$,
$\square = 2.79 × 5.2 = 14.508$

**13** $41.5 × 1.8 = 74.7$, 74.7kg

**14** ㉠, ㉡, ㉢

풀이 ㉠ $0.2 × 9.3 × 8.05 = 14.973$
㉡ $3.5 × 0.71 × 5.6 = 13.916$
㉢ $0.7 × 0.9 × 11.6 = 7.308$
➡ ㉠ > ㉡ > ㉢

**15** $15.5 × 11.6 × 4.5 = 809.1$, $809.1\text{cm}^2$

---

### 353a~354b

**1** 9.9, 2.47

풀이 $79.2 ÷ 8 = 9.9$, $14.82 ÷ 6 = 2.47$

**2** >

풀이 $119.2 ÷ 4 = 29.8$
$312.84 ÷ 11 = 28.44$
➡ $119.2 ÷ 4 \;>\; 312.84 ÷ 11$

---

**3** 54.2

풀이 (어떤 수) × 9 = 487.8,
(어떤 수) = 487.8 ÷ 9 = 54.2

**4** ㉣

풀이 ㉠ $5.64 ÷ 3 = 1.88$
㉡ $24.78 ÷ 7 = 3.54$
㉢ $25.61 ÷ 13 = 1.97$
㉣ $140.8 ÷ 22 = 6.4$
따라서 몫이 가장 큰 것은 ㉣입니다.

**5** $80.64 ÷ 12 = 6.72$, 6.72g

**6** 1.09

풀이 ㉠ $4.68 ÷ 12 = 0.39$
㉡ $4.2 ÷ 6 = 0.7$
➡ ㉠ + ㉡ = 0.39 + 0.7 = 1.09

**7** 0.84

풀이 (어떤 수) × 16 = 13.44,
(어떤 수) = 13.44 ÷ 16 = 0.84

**8** $5.6 ÷ 14 = 0.4$, 0.4분

**9** 2.24, 3.07

풀이 $11.2 ÷ 5 = 2.24$, $15.35 ÷ 5 = 3.07$

**10** $21.15\text{cm}^2$

풀이 색칠된 부분은 전체를 8등분한 것 중의 하나입니다.
(색칠된 부분의 넓이) = 169.2 ÷ 8
$= 21.15(\text{cm}^2)$

**11** 18.55

풀이 $148.4 ÷ (어떤 수) = 8$,
(어떤 수) = 148.4 ÷ 8 = 18.55

**12** ㉡, 2.1

풀이 ㉠ $56.35 ÷ 7 = 8.05$
㉡ $81.2 ÷ 8 = 10.15$
➡ $10.15 > 8.05$이므로 ㉡이
$10.15 - 8.05 = 2.1$만큼 더 큽니다.

**13** 4개

풀이 $165.6 ÷ 15 = 11.04$
$135.72 ÷ 9 = 15.08$
$11.04 < \square < 15.08$이므로 $\square$ 안에 들어갈 수 있는 자연수는 12, 13, 14, 15로 모두 4개입니다.

**14** ㄹ

**풀이** ㉠ $27 \div 50 = 0.54$
㉡ $13 \div 20 = 0.65$
㉢ $14 \div 8 = 1.75$
㉣ $11 \div 15 = 0.733\cdots$
따라서 나누어떨어지지 않아서 간단한 소수로 나타낼 수 없는 나눗셈은 ㉣입니다.

**15** 15.67L

**풀이** (한 개의 그릇에 담아야 할 물의 양)
$= 94 \div 6 = 15.666\cdots \rightarrow 15.67$(L)



**1**

| 줄기 | 잎 |
|---|---|
| 3 | 9 7 9 0 |
| 4 | 9 2 1 5 3 8 5 0 |
| 5 | 7 1 3 9 0 8 |

**풀이** 학생들의 몸무게의 십의 자리 숫자를 줄기로, 학생들의 몸무게의 일의 자리 숫자를 잎으로 나타내어 줄기와 잎 그림을 그립니다. 이때 잎을 쓸 때에는 작은 수부터 쓰지 않고 자료의 순서대로 빠뜨리지 않고 씁니다.

**2** 49kg

**풀이** 줄기가 5인 잎은 6개이므로 줄기가 4인 잎 중에서 첫 번째로 큰 수를 찾으면 9입니다. 따라서 형우의 몸무게는 49kg입니다.

**3** 3200kg

**풀이** 호박을 가장 많이 생산한 마을은 5000kg을 생산한 다 마을이고, 가장 적게 생산한 마을은 1800kg을 생산한 나 마을입니다.
➡ $5000 - 1800 = 3200$(kg)

**4** 2분

**풀이** 같은 줄기의 잎 부분에서 같은 숫자를 지워 봅니다.

| 잎(남학생) | 줄기 | 잎(여학생) |
|---|---|---|
| 3 5 | 5 | 2 9 3 |
| 7 4 | 6 | 5 7 |
| 2 7 4 9 | 7 | 4 9 6 |

같은 숫자를 지우고 남은 숫자가 남학생은 55, 64, 72, 77이고 여학생은 52, 59, 65, 76이므로 남학생의 평균 TV 시청 시간이 더 많습니다. 남학생과 여학생의 총 TV 시청 시간의 차이는
$(55 + 64 + 72 + 77)$
$- (52 + 59 + 65 + 76) = 16$(분)이고, 남학생과 여학생의 평균 TV 시청 시간의 차이는 $\dfrac{16}{8} = 2$(분)입니다.

**5** 94점

**풀이** 동호의 4회까지 영어 점수의 총점은 $84 \times 4 = 336$(점)입니다.
동호의 5회 영어 시험 점수를 □점이라고 하면
$(평균) = \dfrac{336 + □}{5} = 86$
$336 + □ = 430,$
$□ = 430 - 336 = 94$(점)
따라서 동호는 5회 영어 시험에서 94점을 받았습니다.

**6** 4500, 3200, 1200, 2000

| 마을 | 오리 수 | 마을 | 오리 수 |
|---|---|---|---|
| 가 | ○○○○○●●●●● | 다 | ○●● |
| 나 | ○○○●● | 라 | ○○ |



**1** ㉢, ㉡, ㉠

**풀이** ㉠ 5 : 21 ➡ □=5
㉡ 19 : 11 ➡ □=11
㉢ 6 : 13 ➡ □=13
➡ 13>11>5

**2**

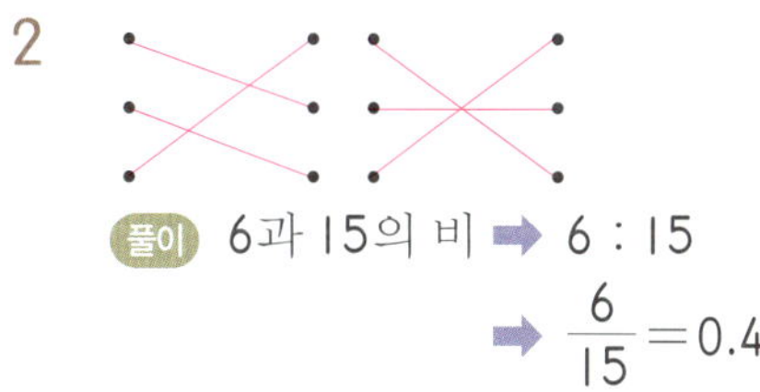

**풀이** 6과 15의 비 ➡ 6 : 15
➡ $\dfrac{6}{15}=0.4$

11 : 40 ➡ $\dfrac{11}{40}=0.275$

25에 대한 19의 비 ➡ 19 : 25
➡ $\dfrac{19}{25}=0.76$

**3** 0.24

**풀이** (설탕의 양) : (설탕물의 양)
$=96 : 400$ ➡ $\dfrac{96}{400}=0.24$

**4** ㉢

**풀이** ㉠ $0.74=\dfrac{74}{100}$ ➡ 74%

㉡ 10할5푼 ➡ $1.05=\dfrac{105}{100}$ ➡ 105%

㉢ $\dfrac{33}{50}=\dfrac{66}{100}$ ➡ 66%

㉣ 67%

따라서 비율이 가장 작은 것은 ㉢입니다.

**5** (위에서부터) $\dfrac{7}{8}$, 0.875, 87.5%, 8할7푼

5리 / $1\dfrac{3}{20}$, 1.15, 115%, 11할5푼

**풀이** 7 : 8 ➡ $\dfrac{7}{8}=\dfrac{875}{1000}=0.875$
➡ 87.5%
➡ 8할7푼5리

23 : 20 ➡ $1\dfrac{3}{20}=1\dfrac{15}{100}=1.15$
➡ 115%
➡ 11할5푼

**6** 8%

**풀이** (컵의 할인된 금액)$=5500-5060$
$=440$(원)

컵의 할인율을 □%라고 하면

$5500\times\dfrac{□}{100}=440$, $55\times□=440$,

□=8

따라서 성주는 컵을 8% 할인된 가격으로 샀습니다.

**7** 35개

**풀이** 8할6푼 ➡ 0.86

전체의 0.86이 관람객으로 찼으므로 빈 좌석은 전체의 0.14입니다.

$0.14=\dfrac{14}{100}=\dfrac{7}{50}=\dfrac{35}{250}$ 이므로 빈 좌석은 35개입니다.



**1** ⓔ 동전 4개를 꺼냈더니 500원짜리 동전 1개, 100원짜리 동전 2개, 50원짜리 동전 1개였습니다. 꺼낸 동전은 750원입니다. 700원이 아니므로 주머니에 집어넣고 다시 동전 4개를 꺼냈더니 500원짜리 동전 1개, 100원짜리 동전 1개, 50원짜리 동전 2개였습니다. 꺼낸 동전은 700원입니다. 따라서 호준이가 꺼낸 동전은 500원짜리 1개, 100원짜리 1개, 50원짜리 2개입니다.
/ 1개, 1개, 2개

**2** ⓔ

| 500원짜리 동전의 수(개) | 1 | 1 | 1 |
|---|---|---|---|
| 100원짜리 동전의 수(개) | 3 | 2 | 1 |
| 50원짜리 동전의 수(개) | 0 | 1 | 2 |
| 합계(원) | 800 | 750 | 700 |

따라서 호준이가 꺼낸 동전은 500원짜리 1개, 100원짜리 1개, 50원짜리 2개입니다.
/ 1개, 1개, 2개

**3**　90개

풀이 〈그림 그리기〉

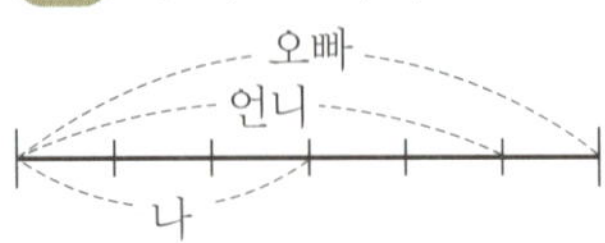

180을 6등분한 것 중의 하나는 30개이
므로 내가 가지고 있는 구슬은
$30 \times 3 = 90$(개)입니다.

〈식 만들기〉

(언니가 가지고 있는 구슬 수)$= 180 \times \dfrac{5}{6}$

$= 150$(개)

(내가 가지고 있는 구슬 수)$= 150 \times \dfrac{3}{5}$

$= 90$(개)

**4**　금요일

풀이 〈예상하고 확인하기〉

희준이의 턱걸이 횟수가 진우의 턱걸이 횟
수보다 많아지는 날을 목요일이라고 예상
하면 목요일날 턱걸이를 진우는
$15 + 3 + 3 + 3 = 24$(회), 희준이는
$19 + 5 = 24$(회) 했습니다.

희준이의 턱걸이 횟수와 진우의 턱걸이 횟
수가 같으므로 다시 예상합니다.

희준이의 턱걸이 횟수가 진우의 턱걸이 횟
수보다 많아지는 날을 금요일이라고 예상
하면 금요일날 턱걸이를 진우는
$15 + 3 + 3 + 3 + 3 = 27$(회), 희준이는
$19 + 5 + 5 = 29$(회) 했습니다. 따라서 희
준이의 턱걸이 횟수가 진우의 턱걸이 횟수
보다 많아지는 날은 금요일입니다.

〈표 만들기〉

| 요일 | 월 | 화 | 수 | 목 | 금 | 토 | 일 |
|---|---|---|---|---|---|---|---|
| 진우(회) | 15 | 18 | 21 | 24 | 27 | 30 | 33 |
| 희준(회) | · | · | 19 | 24 | 29 | 34 | 39 |

따라서 희준이의 턱걸이 횟수가 진우의
턱걸이 횟수보다 많아지는 날은 금요일
입니다.

**5**　노란색

풀이 〈실제로 해 보기〉
붙임 딱지가 놓인 규칙을 찾아 색칠합니다.

따라서 25번째에 놓일 붙임 딱지는 노란
색입니다.

〈규칙 찾기〉
붙임 딱지의 색이 노란색, 파란색, 초록색,
빨간색으로 반복되는 규칙입니다.
$25 \div 4 = 6 \cdots 1$이므로 25번째에 놓일 붙임
딱지의 색은 규칙이 6번 반복되고 첫 번째
와 같은 노란색입니다.

358a~358b　창의력 학습

**a**　5.2cm 또는 $5\dfrac{1}{5}$cm

풀이　정오각형 23장을 붙였으므로 정오
각형과 정오각형 사이의 간격 수는 22군
데입니다. 정오각형과 정오각형 사이의 밑
부분의 간격은 정오각형의 한 변의 길이와
같으므로 전체 길이는 정오각형의 한 변이
$23 + 22 = 45$(개)이어져 있는 것과 같습
니다.

➡ (정오각형의 한 변)$= 234 \div 45$

$= 5.2$(cm)

**b**

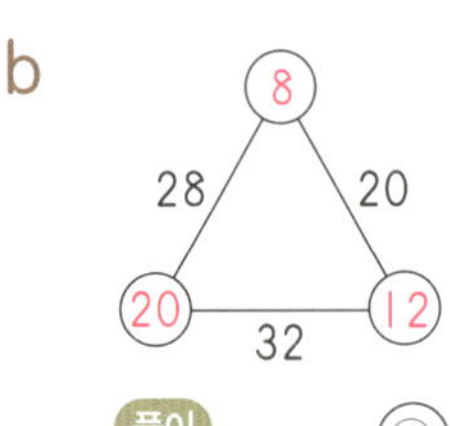

풀이

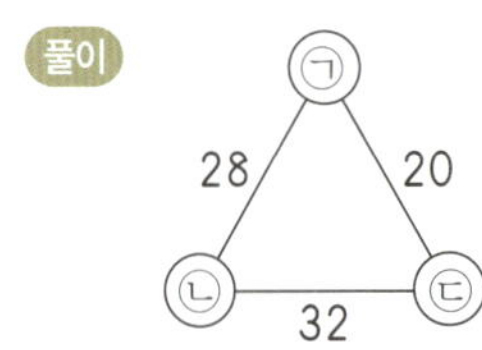

[풀이] ㉠+㉡=28, ㉡+㉢=32,
㉠+㉢=20에서 세 식을 모두 더하면
$(㉠+㉡+㉢)×2=80$,
㉠+㉡+㉢=40입니다.
㉠+㉡=28이므로 ㉢=12입니다.
㉡+㉢=32이므로 ㉠=8입니다.
㉠+㉢=20이므로 ㉡=20입니다.

## 359a~360b 경시대회 예상문제

**1** 2개

[풀이] $3.52=3\frac{52}{100}$, $3.59=3\frac{59}{100}$ 이므로 $3\frac{52}{100}<\square<3\frac{59}{100}$ 입니다. $\square$ 안에 들어갈 수 있는 분모가 100인 분수는 $3\frac{53}{100}$, $3\frac{54}{100}$, $3\frac{55}{100}$, $3\frac{56}{100}$, $3\frac{57}{100}$, $3\frac{58}{100}$ 이고 이 중에서 기약분수로 나타내었을 때 분모가 50인 분수는 $3\frac{54}{100}=3\frac{27}{50}$, $3\frac{58}{100}=3\frac{29}{50}$ 로 모두 2개입니다.

**2** ㉠ $1÷5=\frac{1}{5}$

㉡ $33÷8=\frac{33}{8}=4\frac{1}{8}$

$\frac{1}{5}$ 과 $4\frac{1}{8}$ 사이의 자연수는 1, 2, 3, 4로 모두 4개입니다.
[답] 4개

| 평가 기준 | |
|---|---|
| 상 | 나눗셈 ㉠, ㉡의 몫을 구하고 ㉠과 ㉡ 사이의 자연수가 몇 개인지 바르게 구한 경우 |
| 중 | 나눗셈 ㉠, ㉡의 몫을 구했으나 ㉠과 ㉡ 사이의 자연수가 몇 개인지 구하지 못한 경우 |
| 하 | 풀이 과정과 답을 구하지 못한 경우 |

**3** 가

[풀이] (가의 넓이)$=12\frac{4}{5}×11÷2$
$=\frac{64}{5}×11÷2$
$=\frac{\overset{32}{64}×11}{5×\underset{1}{2}}$
$=\frac{352}{5}=70\frac{2}{5}(cm^2)$

(나의 넓이)$=\frac{25}{3}×14÷2=\frac{25×\overset{7}{14}}{3×\underset{1}{2}}$
$=\frac{175}{3}=58\frac{1}{3}(cm^2)$

따라서 $70\frac{2}{5}>58\frac{1}{3}$ 이므로 넓이가 더 넓은 삼각형은 가입니다.

**4** 가, 다

[풀이] 선대칭도형: 가, 다, 라
점대칭도형: 가, 나, 다
따라서 선대칭도형도 되고 점대칭도형도 되는 도형은 가, 다입니다.

**5** 48cm²

[풀이] 점대칭의 위치에 있는 도형에서 대응점을 이은 선분은 대칭의 중심에 의해 길이가 같게 나누어지므로
(선분 ㄴㅅ)=(선분 ㅁㅅ)=12cm입니다.
삼각형 ㄴㄷㅅ의 높이를 $\square$cm라고 하면
삼각형 ㄴㄷㅅ의 넓이가 72cm²이므로
$12×\square÷2=72$, $\square=12(cm)$입니다.
(변 ㄱㄴ)=12-4=8(cm)
➡ (삼각형 ㄱㄴㄷ의 넓이)=8×12÷2
$=48(cm^2)$

**6** 7.1325

[풀이] (어떤 수)×3.17은 (어떤 수)×317을 곱한 값 713.25의 소수점을 왼쪽으로 두 칸 옮긴 것과 같으므로 7.1325입니다.

**7** 57.17cm²

[풀이] (색칠한 부분의 넓이)
=(큰 직사각형의 넓이)-(작은 직사각형의 넓이)

$=9\times8.12-3.7\times4.3$
$=73.08-15.91$
$=57.17(cm^2)$

**8** 6개

풀이 $20.22\div6=3.37$
$229.5\div25=9.18$
$3.37<\square<9.18$이므로 $\square$ 안에 들어갈 수 있는 자연수는 4, 5, 6, 7, 8, 9로 모두 6개입니다.

**9** (분자)$\div15=7\cdots11$이므로
(분자)$=15\times7+11=116$입니다.
$\dfrac{116}{15}$ ➡ $116\div15=7.733\cdots\to7.73$

[답] 7.73

| 평가 기준 | |
|---|---|
| 상 | 분모가 15인 가분수의 분자를 구하고 분수를 소수로 바르게 나타낸 경우 |
| 중 | 분모가 15인 가분수의 분자를 구했으나 분수를 소수로 나타내지 못한 경우 |
| 하 | 풀이 과정과 답을 구하지 못한 경우 |

**10**

| 마을 | 학생 수 | 마을 | 학생 수 |
|---|---|---|---|
| 가 | | 다 | |
| 나 | | 라 | |

풀이 4개 마을의 평균 학생 수가 530명이므로 4개 마을의 전체 학생 수는
$530\times4=2120$(명)입니다.
(나 마을과 라 마을의 학생 수)
$=2120-440-600=1080$(명)
나 마을의 학생 수를 $\square$명이라고 하면 라 마을의 학생 수는 $(\square\times2)$명입니다.
$\square+\square\times2=1080$, $\square\times3=1080$,
$\square=1080\div3=360$(명)
따라서 나 마을의 학생 수가 360명이므로 라 마을의 학생 수는 $360\times2=720$(명)입니다.

**11** 0.216

풀이 (튤립을 심은 꽃밭)$=250\times0.55$
$=137.5(a)$

(코스모스를 심은 꽃밭)
$=(250-137.5)\times0.52=58.5(a)$
(아무것도 심지 않은 꽃밭)
$=250-(137.5+58.5)=54(a)$
따라서 전체 꽃밭에 대한 아무것도 심지 않은 꽃밭의 넓이의 비율은 $\dfrac{54}{250}=0.216$입니다.

**12** 95병

풀이 (살 수 있는 우유의 수)
$=43200\div600=72$(병)
빈 우유병 4개를 새 우유 한 병과 교환하여 주므로
$72\div4=18$(병)
$18\div4=4\cdots2$
➡ 4병으로 교환하고 빈 우유병 2개가 남습니다.
$6\div4=1\cdots2$
➡ 1병으로 교환하고 빈 우유병 2개가 남습니다.
따라서 우유를 $72+18+4+1=95$(병)까지 마실 수 있고 빈 우유병 3개가 남습니다.

## 16 종료 테스트

**1** ㉡

풀이 ㉡ $\dfrac{17}{40}=0.425$

**2** 0, 1, 2, 3, 4

풀이 $19\dfrac{7}{20}=19.35$
$19.35>19.3\square7$에서 $\square$ 안에 들어갈 수 있는 숫자는 5보다 작아야 하므로 0, 1, 2, 3, 4입니다.

**3** (1)-㉠ (2)-㉢

풀이 (1) $14 \div 9 = 14 \times \dfrac{1}{9} = \dfrac{14}{9} = 1\dfrac{5}{9}$

(2) $\dfrac{15}{4} \div 20 = \dfrac{\overset{3}{\cancel{15}}}{4 \times \underset{4}{\cancel{20}}} = \dfrac{3}{16}$

**4** $1\dfrac{2}{35}$

풀이 $8 \times \square = 8\dfrac{16}{35}$ 에서 $\square = 8\dfrac{16}{35} \div 8$ 입니다.

$\square = 8\dfrac{16}{35} \div 8 = \dfrac{296}{35} \div 8 = \dfrac{\overset{37}{\cancel{296}}}{35 \times \underset{1}{\cancel{8}}}$

$= \dfrac{37}{35} = 1\dfrac{2}{35}$

**5** $2\dfrac{7}{16} \div 13 \div 4 = \dfrac{3}{64}$, $\dfrac{3}{64}$ L

**6** 가

풀이 선대칭도형: 가, 라
점대칭도형: 가
따라서 선대칭도형도 되고 점대칭도형도 되는 도형은 가입니다.

**7** 1cm²

풀이 선대칭의 위치에 있는 도형을 그리면 다음과 같습니다.

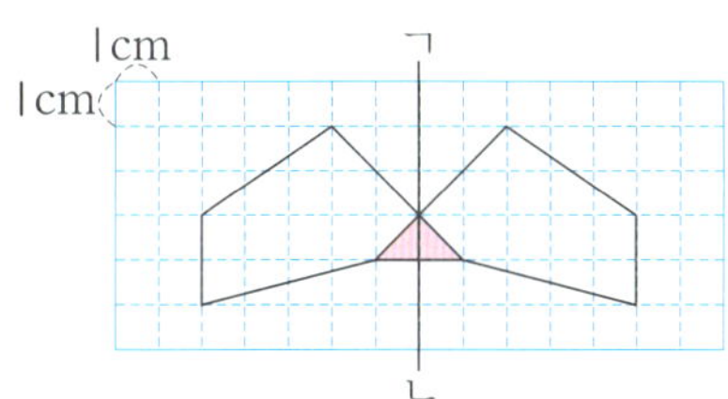

두 도형이 겹쳐진 부분은 밑변이 2cm, 높이가 1cm인 삼각형이므로 겹쳐진 부분의 넓이는 $2 \times 1 \div 2 = 1(cm^2)$입니다.

**8** 37cm

풀이 점대칭의 위치에 있는 도형에서 대응변의 길이는 같으므로 (변 ㄱㄴ)=(변 ㅁㅂ)=7cm, (변 ㄱㄹ)=(변 ㅁㅇ)=10cm 입니다.
➡ (사각형 ㄱㄴㄷㄹ의 둘레)
  $= 7 + 7 + 13 + 10 = 37(cm)$

**9** 4.8, 19.8

풀이 $0.8 \times 6 = 4.8$, $3.3 \times 6 = 19.8$

**10** =

풀이 $0.849 \times 100 = 84.9$
$849 \times 0.1 = 84.9$
➡ $0.849 \times 100 \boxed{=} 849 \times 0.1$

**11** $2.3 \times 3.7 = 8.51$, 8.51m

**12**

$$\begin{array}{r} 0.87 \\ 21\overline{)18.27} \\ 168\phantom{.} \\ \hline 147 \\ 147 \\ \hline 0 \end{array}$$

풀이 (소수)÷(자연수)의 계산은 자연수의 나눗셈과 같이 계산하고 몫의 소수점은 나눠지는 수의 소수점의 자리에 맞추어 찍습니다. 이때 (소수)<(자연수)이면 몫의 자연수 부분은 0입니다.

**13** ㉡, ㉠, ㉣, ㉢

풀이 ㉠ $155.32 \div 22 = 7.06$
㉡ $257.1 \div 5 = 51.42$
㉢ $76 \div 25 = 3.04$
㉣ $41.4 \div 9 = 4.6$
➡ ㉡>㉠>㉣>㉢

**14** $120.48 \div 8 = 15.06$, 15.06km

**15** 35점

풀이 수학 점수가 가장 높은 학생의 점수는 98점이고, 가장 낮은 학생의 점수는 63점입니다.
➡ $98 - 63 = 35$(점)

**16**

풀이 (나머지 반의 평균)
$= \dfrac{220 + 190 + 300 + 170}{4}$
$= \dfrac{880}{4}$
$= 220$(권)
➡ (3반의 학급문고 수)$= 220 - 40$
$\phantom{➡ (3반의 학급문고 수)} = 180$(권)

**17** 212권

**풀이** (평균)

$$= \frac{220+190+180+300+170}{5}$$

$$= \frac{1060}{5} = 212(권)$$

**18** (위에서부터) $\frac{3}{20}$, 0.15, 15%, 1할5푼

/ $\frac{74}{125}$, 0.592, 59.2%, 5할9푼2리

**풀이** $3 : 20 \Rightarrow \frac{3}{20} = \frac{15}{100} = 0.15$

$\Rightarrow 15\%$

$\Rightarrow$ 1할5푼

$74 : 125 \Rightarrow \frac{74}{125} = \frac{592}{1000} = 0.592$

$\Rightarrow 59.2\%$

$\Rightarrow$ 5할9푼2리

**19** 가 상점

**풀이** (가 상점의 할인액)
$= 54500 \times 0.08 = 4360(원)$
(가 상점에서 판매하는 바지 가격)
$= 54500 - 4360 = 50140(원)$
(나 상점의 할인액)

$= 63000 \times 0.14 = 8820(원)$
(나 상점에서 판매하는 바지 가격)
$= 63000 - 8820 = 54180(원)$
따라서 바지를 더 싸게 파는 곳은 가 상점입니다.

**20** 음악, 수학

**풀이** 〈예상하고 확인하기〉
수연이가 국어를 좋아하고 진우가 미술을 좋아하므로 경은이와 예진이가 좋아하는 과목은 수학 또는 음악입니다. 그런데 경은이가 수학을 좋아하지 않으므로 경은이가 좋아하는 과목은 음악이고 예진이가 좋아하는 과목은 수학입니다.
〈표 만들기〉

|  | 국어 | 수학 | 음악 | 미술 |
|---|---|---|---|---|
| 수연 | ○ | × | × | × |
| 경은 | × | × | ○ | × |
| 진우 | × | × | × | ○ |
| 예진 | × | ○ | × | × |

따라서 경은이가 좋아하는 과목은 음악이고 예진이가 좋아하는 과목은 수학입니다.